新装版

風呂敷
FUROSHIKI
Japanese Wrapping Cloths

竹村昭彦著

日貿出版社

序　文

本書は著者が1991年に出版された『袱紗』の姉妹篇とも言うべきもので、"風呂敷"について、その起源から発達、特にその「包み」としての機能性や使用目的に関して詳しく述べられている。

　袱紗も風呂敷もその形状や機能、用途に関しては、それらが方形布帛の生活布であり、物を汚れや穢れから守るという点では異なるところはない。その区別をはっきりさせる規準は袱紗が対人関係の贈答や進物など、専ら「晴れ」の場に用いられるものとして発達したのに対し、風呂敷は私的な「褻」のものとして日常活動の中で、物を包み、持ち運び、収納するということに重点が置かれて用いられてきたところが大きな違いである。この点で前者はその素材に絹を使い裏地付きの仕立て、更に意匠や文様の装飾性を豊かなものにしたのに対して、後者は専ら実用に即した木綿や麻などを素材として単仕立て、装飾性の面でも実用本位のため強いて挙げれば力縫いの刺子がある程度で、他にはあまり取り立てるべきものがない。

　元来、方形の布を使いさえすれば、包むという使用目的は達せられるので、有り裂や古裂を逢い合わせたり、時には本来、風呂敷として作られたものでなくても、それがその場に応じて立派な風呂敷として転用される——つまり風呂敷に化ける——こともしばしば有り得た。

　敗戦後の復員時に、応召に際して友人知己が武運長久を祈って名前を寄書きしてくれた日の丸の国旗で、身の回りの細かい私物などを包んで提げて帰ったことを覚えている。また、風呂敷を首に結んで肩になびかせ、スーパーマンや月光仮面遊びをした戦後の子供時代を記憶している人も多いことだろう。

　このように広汎で、融通無碍なる実用性から風呂敷の染織品としての美的価値など大して問われない。これ故に現在、袱紗は美術工芸品として美術館や博物館、個人の収集家によって丁寧に保存管理されているのに対して、風呂敷は前記の刺子のものや沖縄の麻地に紅型で模様を施されたものなどが、民俗工芸品として散見できるに過ぎない。

　この点に関して著者は、1971年に風呂敷の品質管理の改定が行なわれるに当り、勤務先の宮井株式会社で実施した風呂敷に関する調査の一環として、風呂敷を使用している現場の写真撮影を行ない資料化した。そして続けて1972年から1982年に至る10年間、京都を中心として東京や大阪などで風呂敷のある生活を撮影し記録としてまとめた。その成果である本書第4章の「風呂敷のあるくらし」は圧巻で、200枚近くの写真及びその解説は、時あたかも日本人の暮らしの中から風呂敷が次第に鞄や袋に移行して行く転換期に相応して、今では、得難い貴重な資料となった。更に加えて著者は、風呂敷が方形帛布の生活布として日本のみならず、朝鮮やインド、トルコ、イラン、シリアなど中近東諸国からインドネシア、中南米のメキシコ、グアテマラ、ペルーなどでも広く利用されてきたことを紹介している。そして毛皮という不整形の素材から必要な大きさを切り取り、縫い合わせて形を作っていく立体処理の皮革文化（狩猟文化）と織機によって作られた方形の原型を縫い繋いでいく布帛文化（農耕文化）の平面処理とを比較して、そこから"洋服は箱、きものは風呂敷"といった体形型と纏衣型の衣生活を述べ、敷物の上での坐る生活様式と椅子や寝台の置かれた床の上での腰掛ける生活様式との違いへと論を進める。多くの文献や資料を挙げて、これに詳細な解説を加えるという記述だけにとどまらず、そこには著者の長年にわたる生活布としての方形帛布に対する生きた体験と研究による卓見と叡智が惜しむところなく披瀝されている。読者には各々の受容力に応じて如何様にもこれを包み込み、更にこれを契機として自らの大風呂敷を拡げることも出来るという場が与えられている。けだし熟読に値する快著である。

（元多摩美術大学附属美術館々長）

目　次

序　文　　　　　元多摩美術大学附属美術館々長　山邊知行……… 1

第1章　包みまとう平面文化と世界の風呂敷　　　　　　　　7

風呂敷は方形布帛の包みもの…… 8　　世界各地の風呂敷…… 8

第2章　風呂敷の歴史　　　　　　　　　　　　　　　　　27

包みものの歴史と名称の変遷…… 28

第3章　風呂敷寸法と運搬方法　　　　　　　　　　　　　39

風呂敷の寸法…… 40　　風呂敷による運搬方法…… 42

第4章　風呂敷のあるくらし　　　　　　　　　　　　　　49

風呂敷のある生活を撮る…… 50　　風呂敷1972〜1982…… 51

第5章　近代風呂敷事情　　　　　　　　　　　　　　　241

風呂敷の生産…… 242　　木綿唐草風呂敷…… 245
木綿縞風呂敷…… 247　　甲州八端風呂敷…… 248
印刷染風呂敷…… 250　　台付ふくさ…… 251
国華風呂敷…… 252　　包みものから袋物へ…… 254
紋章入風呂敷の染色工程…… 257

第6章　現代風呂敷活用法　　　　　　　　　　　　　　259

高度経済成長と風呂敷…… 260　　風呂敷と消費者…… 261
記念風呂敷1964〜1975…… 264　　風呂敷の基本的な構図…… 266
風呂敷の包結方法…… 267　　風呂敷関係年表…… 270

参考文献…… 275

おわりに…… 277

風呂敷
Japanese Wrapping Cloths

第1章
包みまとう平面文化と世界の風呂敷

風呂敷は方形布帛の包みもの

　風呂敷は方形布帛の包みもので、物品の運搬・収納・保護・総括を使用目的とする生活用品として定義づけられている。包みは㋐が源字で、子供が母親の胎内に宿る状態を示すところから、包むという行為には物を大切に扱い慈しむ心情が宿る。

　我国の古代信仰は農耕生活を基盤として自然崇拝・祖霊崇拝によって構成されたため、全ての生産物は人も含めて神からの賜物と考えられた。神は神聖にして新鮮で清浄なものを好み、不浄を忌むと理解された。日本の習慣にみる風呂敷包みは、その使用機能の他に清浄なものを災や穢から遮り・隠し・くるんで守り、また不浄なものを外へ撒き散らさぬよう覆い・囲み・封じ込めるという呪術的性格も共有するものである。

　風呂敷は単純な一枚の方形布帛であるため、生活文化が未発達な時代にあっては包むという機能の他に覆いもの・敷きもの・かぶりもの・拭きものなどに兼用され、生活布として自由に使用されたが、生活文化の発展にともないそれぞれの専用機能を有する布が必要になり、布帛寸法・素材・縫製・染織技法・意匠模様などを使用目的別にあわせて製作し、これを識別するための呼称を持つようになった。専用化した方形布帛を用途別に抽出し、名称をそえて註釈を加えると25頁にある表－1のようになる。これらの生活布はいずれも小さく畳むことが可能であり、折り返す・重ねる・まとう・包み結ぶという動作をともなって使用され、日本の包みまとう平面処理の文化を形成している。

　1980年頃まで風呂敷は日本独自のものとの認識があって、多くの著名な識者や評論家も風呂敷は日本の包む文化を表現するものとして「日本人は手先が器用なため包みの文化が出来た」「日本人の優しい心づかいが包む文化を育てた」などの発言があった。ところが海外旅行が盛んとなり、また海外へ行かないまでもテレビや雑誌などの情報伝達によって視覚的に海外の生活状態が紹介されるに及んで、風呂敷が日本だけのものではなく多くの国々で使用されていることが理解されるようになった。方形布帛の包みものを使用する国の風俗習慣など共通項を抽出して日本の風呂敷との同義性を求めてみよう。

世界各地の風呂敷

　トルコでは、包み布をボーチャ(bohça)と呼び、語源はトルコ語で「結ぶ」を意味している。ボーチャは衣裳包とも言うべき風呂敷であるが、トルコの生活文化の一部である公衆浴場と深く関わっている。13世紀オスマン・トルコ族によってアナトリヤに持ち込まれた風呂の習慣が、すでにあった風呂の習慣と重なりあい、独特なアナトリヤ式風呂文化が形成された。壮大な公衆浴場（ハマーム）は人々の集会場でもあり、女性達の集う「花嫁の風呂」・「新生児の風呂」・「誕生日の風呂」や、男性の集いである「花婿の風呂」・「割礼の風呂」・「入隊の風呂」・「バイラム祭の風呂」など多くの社会的祝典を浴場で催すことになる。女性達の浴場への持物は大中小三枚のタオルのセット・バスボウル・風呂場用下駄・洗い櫛・石鹸・バスマット・モスリンの頭にかぶる布・宝石箱・鏡・アイメイク用の化粧箱・ヘナ（髪染の植物粉）のボウル、そして中包みと外包み用の風呂敷で、こうした品物をボーチャに包み下女にもたせて娘達は浴場へ行くことになる。トルコの浴場は今日でいうところのビューティーサロンでもあ

*❶-1　　　　　　　　　　　　　　*❶-2

1-1　トルコのハマームへ通う奥方と召使　　　　　　　　　　　　　　　1-2　ハマームでの入浴図

Recueil de Cent Estampes: representant differentes, Nations du Levant. より

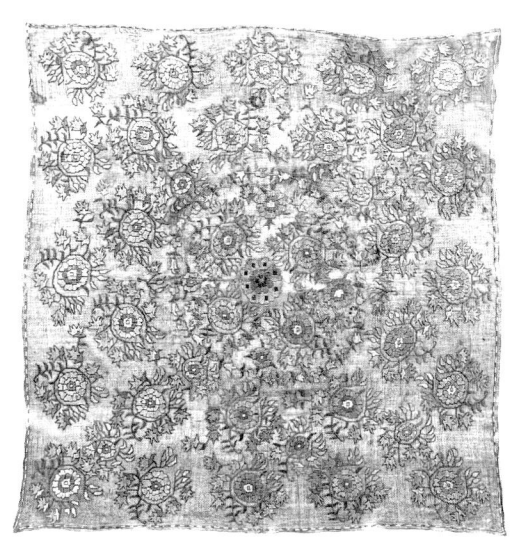

1-3　トルコ　麻地花模様両面刺繍ボーチャ
　　　　　　90.0 × 90.0 (cm)
　　　　　　18世紀

り、肌や髪のトリートメントは一日かけて行われ、浴場で食事をとり、おしゃべりを楽しむというように、女性達にとっては日常の仕事やわずらわしさから解放される場でもあった。こうした祝典儀式用のボーチャは、ベルベット地金糸高縫刺繍や、繻子地に金糸や銀糸または白糸でブドウや花束の模様の刺繍をし、袷仕立にしたものが使われて来た。18世紀頃までの衣裳包には、麻地両面刺繍の単衣のものもある。普段使いのボーチャは木綿木版更紗で袷仕立にしたものが衣料収納用に、単衣のものが運搬用として風呂への湯具包みや弁当包みに用いられる。いづれも包結方法は平包みにたたむか、四隅を結んで用いる。運搬方法は頭上運搬か腕上運搬によっている。今日でもトルコでの結納品はボーチャに包んで、包みごと相手に贈る。現在トルコの都市化はめざましく、女性達が市場で無料でくれるビニールのサービス袋を多く使うようになると、気がねなく使えることと、手造りの労苦や汚れた時に洗濯の必要もなく、女性達も現金収入を得るようになって伝統の包みものボーチャも都市部では姿を消しつつある。

1－4　シリヤ　表）経縮子金糸刺繍ボクジェ
　　　　　　裏）麻地金糸刺繍袷仕立
　　　　　　84.0 × 88.0 (cm)　19世紀末

1－5　シリヤ　表）絹経縮子地額取華文紋織ボクジェ
　　　　　　裏）綿綾地無地袷仕立
　　　　　　86.5 × 91.0 (cm)　20世紀初

　シリヤでは風呂敷をボクジェ (boukje) と呼ぶ。シリヤは1920年迄400年間にわたるトルコ・オスマン王朝の支配下にあったため、その生活習慣はトルコ文化の影響を多く受けた。公衆浴場ハマームに於ける社交儀礼や人生通過儀礼としての催事習慣、そして用いられる包みものもトルコのハマーム社交文化の影響が強い。ボクジェは袷仕立の衣裳包を示し、風呂の儀式用として用いる包みもののイメージが強い。このボクジェの典型的な仕様は、トルコにみられるものと同様のベルベット地金糸高繍刺繍や繻子地金糸刺繍に加えて、経縮子地金糸緯繻子紋織物で、好まれる地色は白・ピンク・赤紫・青紫・ブルー・紺などである。1940年頃まで富裕な家の女性は職人が製作した刺繍や織物のボクジェを嫁入時に持参したが、これは高価で誰でも使えるものではなかった。現在ボクジェはウエディングドレスを売る店で婚礼時にそろえる衣裳包として販売されるものと、子供が誕生した時に産着を包み産院にもって行く包み布として子供服店で販売しているものがある。こうしたボクジェの価格はその土地の一回の食事代程度であり、昔ほど高価なものではなくなって来ている。ハマームでのタオル包みは、木綿地木版プリント袷仕立で、日本の隠し包みの変形ともいえる独特の包み方によって用いられ、収納時は入口近くの棚上に並べられている。首都ダマスカスでは、1950年代から市外地に近代的なアパート群が立ち並び始め、家庭内にバスやシャワーが設置されたため庶民用ハマームは姿を消し、ボクジェに包んでハマームに通うという風俗は暫時見られなくなった。シリヤでは贈物は木箱に入れて贈り、結納時でもトルコのようなボクジェは用いない。シリヤには「包み」の総称としてスッラッ (sourra) という言葉がある。自家用に残り布をはぎあわせて、荷物運搬用、衣裳包用をつくっておく。ダマスカスのスーク（市）では、わずかにスッラッの頭上運搬が見うけられるが、人力運搬による道具としては現在買物時のビニールのサービス袋が多く、スッラッを持つ人は年毎にその姿を消しつつある。モロッコでも、包みものをレズマ (rezma アラビア語) や、「包み」を総称してスッラッ (essora) と呼び、他のアラブ圏でも風呂敷については、同じような習慣を有している。

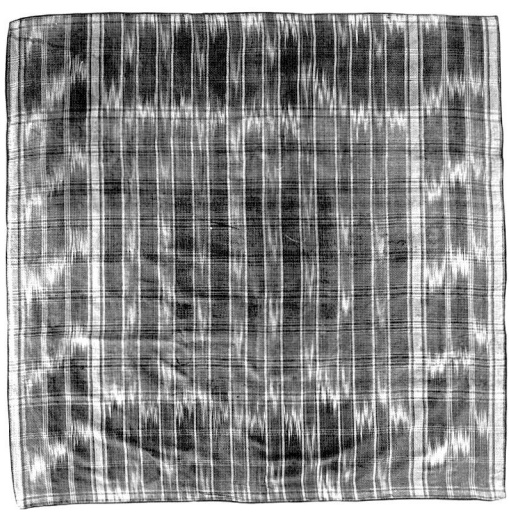

1－6（表）イラン
絹経絣格子縞ボクジェ（中央金糸刺繍有）
112.0 ×116.0（cm）　18世紀後半

1－6（裏）イラン
木綿木版花更紗（額取部分綿藍無地）
112.0 ×116.0（cm）　18世紀後半

　イランでは包み布のことをボクチェ (boqche) と言う。これはトルコ語が語源でボーチャの音読みである。イランでは今一つ風呂敷をさす言葉として、アラビア語のサーログ (sārogh) という言葉もある。イランにもハマーム文化はあり、富裕な人々が房飾りで四方を囲むペルシャ錦袷せ仕立や、表地が絹の経絣で、裏地が木綿木版更紗の額取り仕立などのボクチェを用いたが、トルコやシリヤと同様に都市化が進み、ハマームも少なくなり儀式用ボクチェも姿を消していった。
＊❶－6

　衣裳包、そして運搬用のボクチェは、今でも地方で用いられている。この他に、コーラン専用の包みもある。銅板プリント更紗の60cmから80cm角のもので、裏は額取袷せ仕立にしてある。コーランを平包みにし、これを置く場所は必ず人が立って頭より高い棚上とされている。

　中央アジアの牧畜農耕民族、**ウズベキスタン**の風呂敷（弁当包み）はダスタルハーン(dastarkhan)
＊❶－7
と呼び、ナン（パン）を運ぶ時は四隅を結ぶが、家庭内で保温のためナンを包む時は平包みにし、広げて食事用の敷きものとなる。木綿繻子地に花柄の刺繍をしたもの、パッチワークのコーラック(koorak)
＊❶－8
と呼ぶ布のものもある。村の少女達は小さな布を集めて縫いつなぎ、自分の結婚式のために何枚もこの方形の布を作り溜める。結婚式の時、花嫁が作ったコーラック（裏地なし）にお菓子を包んでお盆に積み重ね、来客に廻して引出物とする。コーラック包みを贈られた人は、この布を窓に掛けたり、裏地をつけて包みものや卓布など多目的布として利用する。町では消えつつあるこの風習も、村落でのみ受け継がれている。

　タジキスタンでも同じような包み布を使うが、他にも結納袱紗とも云うべきパットヌースポーシュ (patnospoche)がある。パットヌースはお盆を意味し、ポーシュは覆の意で、贈物は平包みにし、お盆
＊❶－9
にのせて贈る。表地は紋繻子に花模様を紋織し、別布で額取りにして、裏地は木版更紗を袷仕立にしたものが多い。花は「我家の花のような美しい娘をさし上げます」を表現し、金糸をあしらったものは「清楚で輝かしい娘です」を意味すると云う。このような袱紗は、結納時に娘側の男性から婿側の家族

1-7　ウズベキスタン
木綿花鳥模様刺繍ダスタルハーン
96.3 × 90.3 (cm)　1970年代

1-8　ウズベキスタン
木綿パッチワーク中央刺繍コーラック
60.0 × 58.5 (cm)　1980年頃

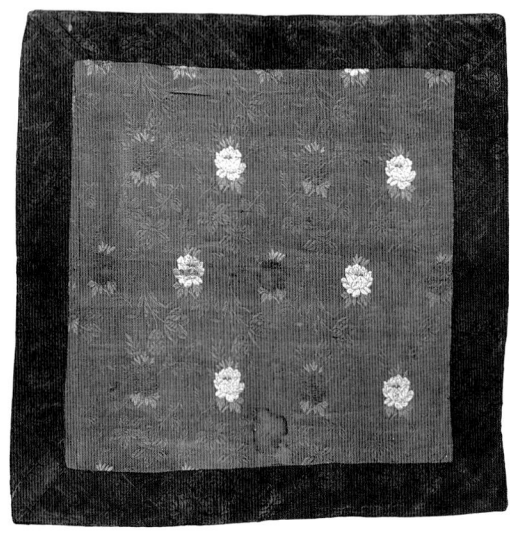

1-9　タジキスタン
表) 絹浮織華文パットヌースポーシュ
　　(額取部分　金襴枇　幅6.5cm)
裏) 金襴
61.0 × 62.0 (cm)　1962-1967年

に手渡され、しばらくして季節の果物などにかけて返礼される。この時には「確かに娘さんをお受けします」という情意になる。

　アフガニスタンのパシュトー族のパットヌースポーシュは、四辺をブルーのビーズやトルコ石で飾って遊牧民であることを示している。表地は、総刺繍でうめつくされ、中央の丸紋は人間に恵みをもたらす太陽を表し、S字紋は水を、角型は羊というように彼等にとって大切なものの象徴が刺しこまれている。金属性の盆に茶器をのせ、その上にパットヌースポーシュで覆って華客に差し出す。食物用そして贈答用の掛袱紗として用いている。パシュトー族の単衣の風呂敷には、中央に太陽を表す丸紋、四隅には花、四辺に鳥、周囲をクローバーの葉で囲む刺繍がほどこされている。鳥は幸運をもたらし、クローバーの葉は牧草、花は希望を表現している。包みものとして用い、食事時には敷きものとして使う。収穫時には、西瓜包みにする時の一方の結び目を首にかけ、もう二隅を腰に結びつけて身体の前に布で袋を作り、農作物を収穫しながら運ぶという珍しい使用方法が見られる。

　パキスタンは1956年インドから独立し、ほとんどの人口がイスラム教に属しているが、生活習慣はインドと類似している。パキスタン南部では、方形の布をルマール(roomal ペルシャ語　顔をぬぐう意)

1-10 アフガニスタン（パシュトゥ族）
表）木綿地総刺繍パットヌースポーシュ（四辺ビーズフリンジ 2.5cm）
裏）綿綾無地
60.0 × 68.0（cm） 1940年代

1-11 アフガニスタン（パシュトゥ族）
木綿地花鳥模様刺繍パットヌースポーシュ
93.0 × 94.7（cm） 20世紀

と呼び、風呂敷、ハンカチ、掛袱紗、頭巾、寝具布の総称で、特に贈答用袱紗にはボーダー柄のついたプリント柄やミラーワークで刺繍したものがある。光る鏡は、太陽に反射する水や星を表している。ルマールの使用例の一つで、婚礼時の食物を入れた銀容器に掛けて、木製か金属製の盆にのせ、または銀容器の下に敷き、花嫁花婿でとりかわされる。また結納時には婿方から花嫁への贈物（衣服・布帛・宝石・化粧品など多種）をルマールに包んで贈り、贈りものが大きい時は盆に進物品をのせてルマールで覆って贈る。日本の掛袱紗と同様、それは包みもの、掛けものとして用いられる。花嫁側から婿方に贈るルマールの花模様は「砂漠の花のように美しい娘を受け取って下さい」の意となり、孔雀模様は婿を表象し、これが四辺に配されると東西南北が安全で幸運を意味し、緑の刺繍糸は肥沃で豊穣を意図す

1-12 パキスタン
絹繻子地額取文ミラーワーク
刺繍ルマール
（四辺房丈 3.0cm）
41.0 × 38.5（cm） 1960年代

る。幸運と健康を祈る結納・婚礼時に多用されるルマールである。四隅に飾房をつけるものもあり、これも日本の掛袱紗との類似点である。

　北部スワット地方ミンゴラでは、ルマールと同様の布をミスポーシュ（mispoche ウルドゥー語）またはドレストホワン（drestohoan パシュトー語）と呼ぶ。ミスは机、ポーシュは覆い布を、ドレストは品物、ホワンは覆い布を意味している。スワット地方のパタン族（パシュトー族と同じ）はミスポーシュでナン（パン）を入れた弁当を包み垂下運搬し、食事時には包みを開いて敷きものとし、その上に弁当を広げて座して食事をする。家庭にあっては茶器セットの掛けものとなり、大きなものは衣裳包として結ばず、平包みにした底部を上に向けて収納箱へ

1-13　A　パキスタン北部（ミンゴラ）
綿幾何文刺繡ミスポーシュ
84.0 × 82.3 (cm)　現代

1-13　B　パキスタン北部（ミンゴラ）
スワット刺繡ミスポーシュ
84.5 × 84.0 (cm)　1930年代

納める。したがってミスポーシュの意匠模様は、布の中央に模様の重点を置いた中央中付模様となっている。この地方の伝統的なスワット刺繡をほどこしたものには、フルカリと呼ぶ幾何学的抽象模様で花や庭園を表現している。インドカシミヤ州産の木綿二重織のミスポーシュもこの地方で使われていた。ルマールやミスポーシュは方形の布であるから、三隅を折り畳み縫合すると三角袋が出来る。残りの一隅に紐を取りつけたものをブヂキ(bhujki)と呼んで、コーラン包みとして、また小物入や衣裳入れにもちいることも多い。これを掛袱紗として用いる時は、縫合部分を解けば簡単にもとにもどる。こうした多目的布とは別に日本の風呂敷と同様の包み専用布もあり、絞り・更紗・絣の木綿単衣で、ボクチェ(boqche)と呼ばれている。

　ネパールはインド亜大陸北部の高原国で、ネパール中央のカトマンズから西方へ200km程行くとポカラの町があり、さらに西へ行くとランドルン村に到達する。この地域にはグルン族が多く、他にマンガール族・セットリー族などチベット・ビルマ語系の人々が居住し、稲作農耕を営んでいる。この地域には他では見られない独特の包みものバングラ(bhangra)があり。これは自家需要を充たすため女性達が原始機（居坐り機）で製織したものである。原材料となる繊維はプーワ(puwa— 現地語)の植物中皮繊維で、森林などにはえている70〜100cm程のプーワ草をモンスーン時期（8〜9月）に刈り入れ、打ちくだいて繊維を採り糸に紡いで織り上げる。この繊維は固く丈夫で綿糸よりも暖かい特性を有したが、1970年頃から手に入りやすい綿糸で製織するようになった。

　バングラは織幅30cmで経縞入り、下部に小花模様を毛糸で縫取り織にし、これを絵羽合せして4幅継ぎにした約120cm幅×125cm丈の木綿単衣の風呂敷である。使用方法は独特で、西瓜包みにして腕と頭をくぐらせ、胸部で交差するようタスキ掛けにして背負運搬で用いる。この時、縫取模様は胸部に表れる。農夫の畑仕事や森林伐採時に鎌・小刀・ロープなどを入れて用い、この使用方法はパキスタン・ハラッパ地方の綿摘みにも見ることが出来る。バングラは背負運搬で用いるところから、両手が自由で道具類

1−14 パキスタン（インド　カシミール産）
綿華文ジャガード織ミスポーシュ（四辺房丈　3.0cm）
53.0 × 53.0 (cm)　20世紀

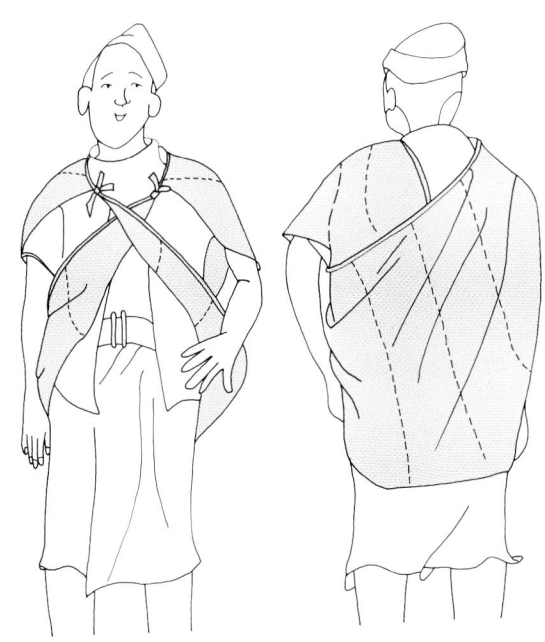

1−15　ネパール　バングラの使用方法

の出し入れも安易に行われ、農作物などの容量範囲も広く、重いものでも力点が両肩・背中・胸部に分散するため軽く感じるメリットがある。またバングラは土地柄を反映して防寒用布としても用いられ、男達が上衣をまとうように背中や肩をバングラで覆う姿を良く見かける。バングラの使用はランドルン周辺独自のものであるが、他の地域での運搬方法は女性達が背負籠の紐を額にかけて額支背負運搬することが多く、風呂敷包みやまたは品物を直に頭上運搬する姿も見られる。男性は手編みの袋や籠で肩力運搬している。玄人の運搬人達が、大きな荷物を額支背負運搬する姿はヒマラヤ山脈を背景とするこの国ならではの光景で、登山家の影響もありリュックも昔から使用された。

　ブータンはラマ教を国教とし、政教一致体制を取り、人々の生活と宗教は密接に結びついている。人々は風貌・風俗共に日本人と良く似ている。ブータンにはブンディ(bhundi)と呼ぶ、四隅に生地幅とほぼ同じ長さを持つ紐付単衣の風呂敷がある。その多くは蕁草(いらくさ)の繊維で製織され、40〜50cm幅の小幅を3枚継ぎに縫合し、ブンディの中央に卍文を、周囲には幾何文を縫取り織で絵羽合せにしてある。進物品を包む時は、平包みにした上で添付の紐を結び、シェラック（ラック虫の分泌物）を火でとかし結紐を封蠟して贈る習慣がある。意図するところは我国の水引結びと同意なのであろう。ブンディの運搬に際しては、別の細長い背負布（90cm幅×500〜600cm丈）で運び、封蠟したブンディはそのまま受納者にさし出される。封蠟は受納者が開封することになる。いわゆる保護機能や結界表現を示す中包みとしてのブンディは背負布で固定され運搬されるだけで、運搬布としての背負布（外包み）とは機能を専用して使用される。ブータンの住居には押入れがないため身の廻り品は多くのブンディに包まれ積重ねて収納される。卍字文様は信仰と生活が共存することを表している。

　ブータンにはチベット仏教の寺院で使用する経典包のペレ(pere)がある。これは約70cmの赤や黄または青無地の木綿単衣布で、一隅に生地幅と同寸法の紐がつけられている。使用方法は経典を平包みにし、取り付けられた布紐でくくり結び、経典の内容が識別出来るようにドンダール(dong-dar)という顔布

(たれ布)を平包みする途中で挟み込む様式を取るものである。

　大小13,000の群島からなる**インドネシア**の住民は約半数がイスラム教徒で、土着の信仰と重層化した生活習慣を保持し、人生通過儀礼にも独特のものがある。インドネシア住民の衣生活において頭巾(ikat kepala 以下インドネシア語)、胸当、肩掛け(selendang)、腰巻(kain panjang)、腰衣(sarong)、その他に帯、褌、壁掛、敷きもの、覆布など簡単な仕立をほどこされる上衣と袴を除く衣類は、全て方形の布帛でしめられている。これらの衣類は部族ごとに着装方法が微妙に異なり、各地域にあっては階級、性別、年齢、婚姻別などが、布の加工技術や文様構成またその組合せによって識別される。染織技法も

1-16 ブータン
綿縫取織ブンディ（四方丸組紐付　紐丈29.0cm）
124.0 ×136.0 (cm) 19世紀末

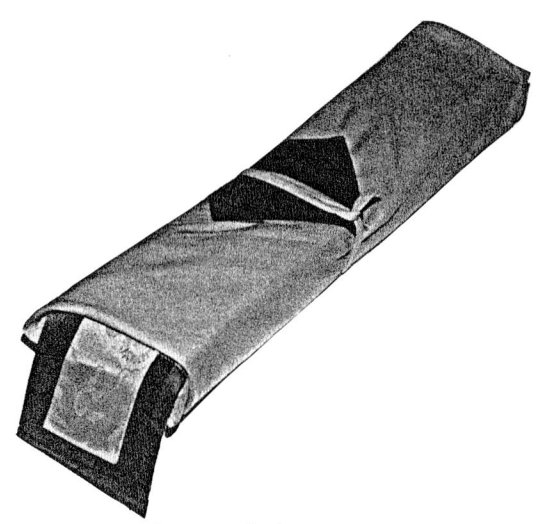

1-18 ブータン
木綿無地ペレ（教典包み）紐丈　63.0cm
68.0 × 67.5 (cm) 現代

1-17 ブンディ包結方法

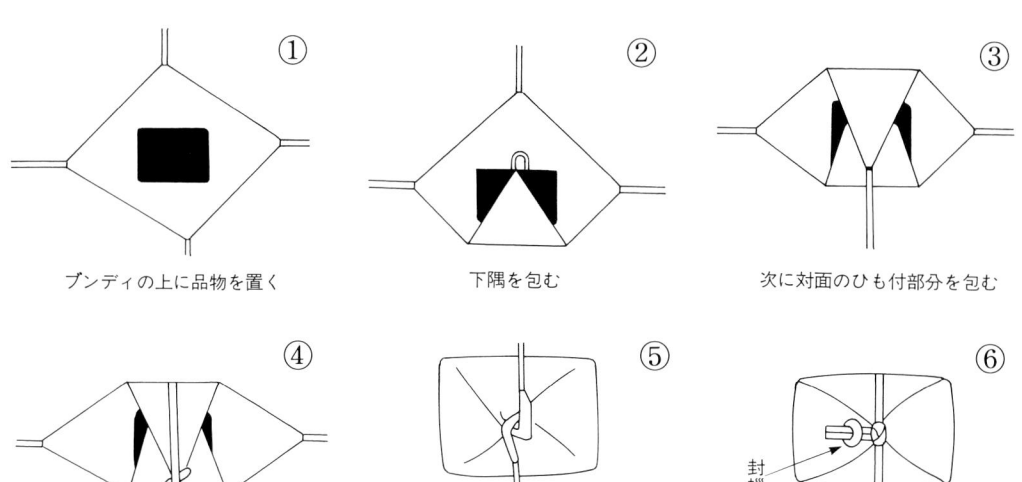

① ブンディの上に品物を置く
② 下隅を包む
③ 次に対面のひも付部分を包む
④ 上下部分を紐でくるくると巻いて結び品物を固定する
⑤ 左右部分をねじりひもを裏面に廻し表で結ぶ
⑥ 左右の結紐を封蝋する

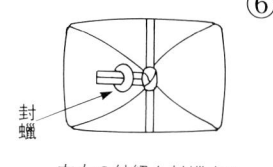
封蝋

1−19 インドネシア（南スマトラ島）
綿霊船文様緯糸紋織タンパン
46.0 × 44.2 (cm) 20世紀初

1−20 インドネシア
綿ベルベット地 花鳥文金糸刺繍ララマック
（婚礼用袱紗）
46.0 × 46.0 (cm) 20世紀初

多技にわたり、平織を主とする先染・後染のあらゆる技術が存在している。衣類その他の布帛は、ほとんどのものが方形であるため、包みものとしてこれを兼用することは容易であり、また肩掛けも子供や品物の背負布として兼用されている。

『インドネシア染織大系』吉本忍著には、スマトラ島南部ランプン州通称クルイ（旧クロエ）地方の贈答儀礼に用いる掛袱紗タンパン (tampan) が記載されている。これによるとタンパンは主として霊船文（死者の霊魂を天上界に運ぶ船）、祖霊を表す人像文、宇宙木文（天上界と下界の交流を示す）
*❶-19
などの霊船思想を表象する文様と他に鋸歯、波形、S字、菱などの幾何文も用いられ、いづれも魔除けとしての呪術機能を有し、あらゆる祭儀に於いて使用される。タンパンの用途は掛けもの、包みもの、あるいは敷きものと多目的で、特に婚礼儀式に於いては不可欠なものとされている。結納時にあっては50個から60個、時には100個以上に及ぶ結納品を一つづつタンパンに包み、婿側から花嫁の家へ持参する。山岳地域のリワでは結婚の申込みに際し、女性の家にココナッツや黒砂糖で作る菓子、ワジックをタンパンに包み持参する。このタンパンは後日もとの所有者へ返却される。また結婚式の共食に際して、食物はパハルという真鍮製高坏に盛り、その上をタンパンで覆って人々に供される。これは葬儀の共食時にも用いる。新夫婦里方への挨拶廻りにもワジックをタンパンに一つづつ包んで持参する。

タンパンは結納、結婚披露、里帰りに関しては婿側から贈り、子供誕生から成人に至る子供達の通過儀礼に際しては嫁実家から贈ることが通例となっている。この他、特殊なタンパンの使用例に、死者の顔を清める儀式で、清める人の膝の上に敷き、その上に死者の顔をのせる。また、家の新築に際して梁の上に置き、魔除の呪術儀礼とすることもある。タンパンは我国の掛袱紗や重掛けまたは御膳掛けや折包に相等し、ワジックは餅、パハルは重箱や膳部に類似する。タンパンは主に木綿で緯糸紋織の浮織と縫取織りの併用技法で製織され、40cm〜50cm程の方形布帛で、最大のものでも1m以下である。

タンパンはクルイ地域の他にベンクール州マンナ近郊に居住するセラワイ族、ベンクールの北のレジャン族の間にもあり、それらはラマック (lamak) と呼ばれる。ラマックと同名の布はバリ島にもあり、

祭壇の飾布として用いられた。これは経糸紋織で用途・色彩・文様・素材はタンパンに類似している。今一つクルイ地方には祭儀に用いる黒ベルベット地金糸刺繡による約50cm角の袷仕立、ララマック(lalamak)と呼ぶ掛袱紗があり主として花文が表現され、部分的にミラーワークを付加するものもある。
*❶−20
祭儀参列者に供する食物は高坏の上にトゥアラ(tuala)と呼ぶ敷きものをのせ、その上に食物を置いて、さらにその上にボール状の蓋をしてララマックを飾布として置いている。

　バリ島はヒンドゥ教が大多数をしめ、寺院は1万とも3万ともいわれている。それぞれの寺院で創立記念日に行うオダランと呼ぶ祝祭は、210日目ごとに巡って来るため1年間に何万回というオダラン祭を催すことになる。祭事の屋外での準備は男性、花、果実、菓子などおびただしい量の供物は女性達によってととのえられる。供物は神々・祖霊・聖者（儀式を司る人の精霊）・悪魔・人間の生霊の5つの信仰対象に対して供える。村の正装した女性達の長い行列がこの供物を直に頭にのせ、また多彩な包み布に包んで頭上運搬する姿が随所に見られる。供物は常に水で清められて清浄を保っている。祝宴は日本と同様に神人共食を行い、悪魔の供物は他の残り物と共に動物達に分け与えられる。バリ島では包み布、敷きもの、かぶりものなど多目的な生活布を包括してタプラック(tapelak)と総称している。タプラックを織る女性達は「布を織りながらいつも神様に話をしています。だからこの布達は私ではなく神様が織ったのです。」といっている。機織の労働も供物を美しく調達することも全て神々のなせるわざという観念が定着している。

　お隣りの**韓国**には李朝時代（1392−1910）からポジャギ（褓子器）と呼ぶ生活布がある。韓国では現在「褓」と書いてポジャギと読むが、漢和辞典を見ると保は衣にくるんで幼児を負うことを原義とし、
　　ホウ
これに衣を加えて幼児をくるむ衣の意とする。我国では襁褓をオムツと読むが、中国では幼児をくるむ衣・産衣を示し、褓は緥や褒とも書く。李朝時代でも褓子器という以前はポジャイ（褓子衣）と呼んだ時代があり、女性⇒子宮⇒おくるみ（包みもの）⇒襁褓⇒褓子衣⇒褓子器という発生過程を思わせる。李朝古文献に、「褓」を「袱」と記録された時代がある。「睿宗元年（1468年）庶民の紅染衣・紅染袱の
　　　　　　　　　　　　ほう　　　　ふく
使用禁止令」の「袱」は日本の袱紗の「袱」の字であり、伏が音を表し、語源は覆うから来ているので、我国でいうところの打敷や掛袱紗など掛けものの用途も共有するのであろう。褓子器の用途としては、佩物褓（小袱紗）・床褓（御膳掛）・袋物褓（小物入）・着物包褓（衣包）・下敷褓（卓布）・婚礼褓（袱紗）などがあり、褓子器は包みもの・掛けもの・敷きもの・袋物など生活布の総称である。

　褓子器は使用階級により宮褓と民褓に区分される。宮褓は目的別、規格別に宮廷内にある尚衣院などの専門機関で調製され、品位格調の高い官褓が昌徳宮遺物所に100余点所蔵されている。民褓は多目的に用いられ、一般女性の手で創作された。「袱」は音が「福」であるところから褓子器に包まれるものは幸福の象徴物であり、李朝女性の祈福信仰の表現物として盛んに製作された。褓子器は物を美しく演出し、礼節をととのえる儀礼用品として使用される。

　民褓の内、刺繡で作られた繡褓は婚礼褓など主として吉事に使用され、表地は綿、裏は絹で一幅（高麗尺9寸（34cm）〜1尺（38cm））で袷仕立にしたものが多い。刺繡模様は平面的で対象形や放射状に構成され、韓国の自然崇拝思想が反映し、霊験あらたかな草花樹木を瑞祥文として取り扱っている。即ち花は富貴栄華、果実は多産多福、鳥蝶は歓喜幸福、鴛鴦は夫婦間の琴瑟の良さをそれぞれ表象している。

　民褓の代表的なものにチョガッポ（パッチワークの生活布）がある。衣服を製作した残布を大切に
*❶−21

1-21　韓国
絹平地紋織パッチワーク褓子器
47.0 × 47.5 (cm)　20世紀初

1-22　韓国
麻平織パッチワーク褓子器
（弔用　四方紐付　紐丈49.0cm　二隅紐欠落）
55.0 × 55.0 (cm)　19世紀後半

取り置き、様々な小裂をパッチワークすることによって丹念に製作したもので、廃品利用という暮しの知恵から作り出され、庶民階層で使用された。チョガッポの製作は、当時儒教的閉鎖社会での女性達の余暇利用のための楽しい労働であり、神々への祈禱の一針一針でもあった。そこには単に美しさの表現だけではなく女性情念の中に厭離穢土、欣求浄土の切ない悲願や静観の世界が展開されている。黒または白無地のチョガッポは弔用として用いられる。

　チョガッポの系列に入る食紙褓は、表がパッチワーク、裏に油紙を袷仕立にして、表面中央に「福」というリボン状のつまみ裂を付ける。その多くは床褓といい御膳掛けとして使用する。この床褓は民褓の中で唯一始めから使用目的を定めて製作される掛けものである。文様には蝙蝠（こうもり）が多く招福魔除を表現して用いられる。冷蔵庫の普及で、今日この床褓は不要となり飾装用として使用されている。

　繍褓やチョガッポの床褓には紐がついていないが、他の運搬・収納を目的とする褓子器には紐がついている。紐の長さは生地幅とほぼ同じ長さになっている。褓子器の1隅、対角線上の2隅、または4隅にそれぞれ紐が取り付けられている。
＊❶-22
　褓子器は使用する時には広げ、畳めばその容積は極度に縮少し融通無碍な機能を発揮する。韓国で褓子器が広く創作された理由として、前述の祈福信仰の他に住居の狭小性がある。韓国では冬季オンドルを利用するが、室内の保温効果を上げるため部屋は小さくしてあり、食堂も寝室も一定の居住空間を共用し、衣服は部屋に紐を張り、その紐に衣料を掛け褓子器に附帯する紐で結んで収納する習慣が出来たという。このように古い伝統をもつ褓子器も1920年代から暫時創作されなくなり、1953年朝鮮戦争休戦後から高度経済成長をとげた韓国では居住空間も変化し、現在自家需要のための褓子器は作らなくなった。荷物運搬用の風呂敷も都市部では鞄・紙袋・ビニール袋にかわり使用されている。

1−23 メキシコ
合織浮織紋経縞風呂敷
122.2 ×121.5 (cm)　現代

1−24　「新世界の古代都市」デジレ・シャルネ著より

　中米最大の国**メキシコ**の住民は、スペイン系白人とアステカ族などの先住民との混血のメスティーソが国民の大部分を占め、スペイン語が公用語でほとんどの住民はカトリック教徒である。メキシコ各地ではメスティーソが持つ鳥羽根の色彩を配した、約120cmから130cm角の平地浮織経縞の風呂敷が使用されている。ロンドンの人類学博物館に1887年に出版されたデジレ・シャルネ著『新世界の古代都市』のメキシコ人を描いたイラストレーションが展示されているが、メキシコでの風呂敷が長い間生活の中で使われてきたことを記録している。オアハカ地方のインディオ達は、レボッソ (rebozo スペイン語)と呼ぶ長方形の肩掛け（80cm幅×180cm丈）を使うが、これは平織の絣で、長く織り残した経糸を結び編みして30cm程の房としている。この布で子負帯のように子供や品物を包み、肩力運搬する風習がある。メキシコ・中南米のインディオ達が用いる生活布は、いづれも諸種族の染織技術によって自家生産され、多目的布として常用されている。

　中米の太平洋とカリブ海にまたがる高原の国**グァテマラ**は、ラテン・アメリカ諸国と共通する面を持つ一方、原住民のインディオが半数以上を占め、先祖伝来のマヤ文化の生活習慣を保持している。住民の大部分は外来のカトリック教に属するが、古代から受け継がれた土着の精霊や死霊も崇拝している。グァテマラの服装は地域の村ごとに象徴的な文様や配色・着用方法が定まっていて、マヤ時代の服装と16世紀スペイン人が持ち込んだ服装とが奇妙な形で融合している。伝承によるとスペインの植民地政策から、原住民の反乱防止のため服装によって地域や村落が識別出来るような施策が取られ、その衣裳を見ればどこから来た人かが判別出来るという。インディオ達は「神様が私達を村ごとに見分けることが出来るようにしている」と云っている。女性の伝統的な衣裳一式は7つ揃いで、それはウイッピール

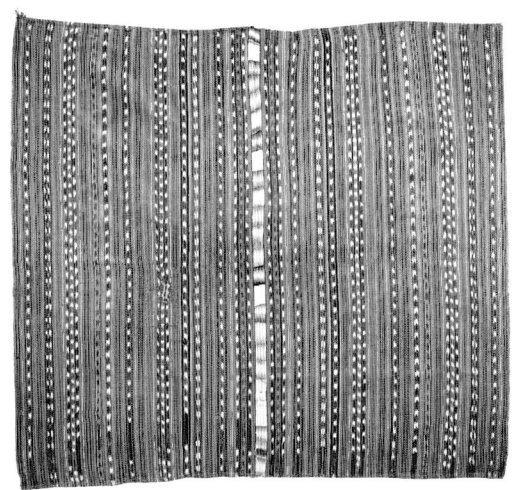

1−25　グァテマラ
綿縞経絣セルビエータ
69.0 × 78.0 (cm)　1960年代

1−26　グァテマラ
綿縞経絣セルビエータ
76.0 × 76.5 (cm)　1960年代

(huipil− ブラウス)・コルテ(colte− スカート)・ファーハ(faja− ベルト)・シンタ(cinta− 頭に巻く飾り布) ペラッヘ(perraje− ショール)またはレボッソ・スーテ(tzute− 大風呂敷)・セルビエータ(servilleta− 小風呂敷)で構成されている。男性はソンブレロをかぶり、これにスーテを巻きつけて、ボルサ（ショルダーバック）を肩にかける。スーテは食物・衣料・諸道具や幼児を包んで背負い布、トウモロコシの粉で作ったトルティージャ（パン）の保温包み、露店市では売場の敷きものになり、たたんで頭にかぶると日除けとなり、寒い時には肩掛けとして防寒布となる万能の布である。小布セルビエータは身の廻りの小物包み、頭に飾りとしてのかぶりもの、篭を覆う掛けものとして使用する。女性達が原始機（居坐り機）で織るこれらの生活布、特に包みものは縞や絣に加えて、平織地に縫取で菱形文・稲妻文・波形文などの幾何文様や太陽・グァテマラの国鳥である極彩色のケッツアル鳥・孔雀・こうもり・猿・鹿・ジャガー・さそりなどが象徴性をもって織り出され、配色は古代マヤ人の方位を色で表象した赤（東）・黄（南）・黒（西）・白（北）が多く、これに青・褐色・緑・紫を加えたものが好まれている。素材は手紡の木綿と羊毛が使われたが、現今では機械紡績糸が用いられるようになり、アクリルやレーヨンなどの合成繊維も使用され、染料も天然染料から化学染料に転化しつつある。

　ボリビアでは原住のインディオであるアイマラ族がコカの葉を包む布を織る。南米内陸国ボリビアの国土は四分の一がアンデス高原で首都ラパスは海抜3600mに位置し、酸素が稀薄で人々の行動は穏慢になり、そのためかコカをたしなむ習慣がある。このコカの葉を包む布は、アイマラ族の女性の装飾布であり、英語でコカクロス、現地ではインクーニャ(incuña)またはタリ(tari)と呼んでいる。インクーニャは、アイマラ族の女性が肩に掛けそして子供を背負うためにも用いる方形布アフワヨ(ahuayo)よりも小さく、80cmから100cm位のものが多いが、ハンカチほど小さなものもある。日常生活に於て、インクーニャは主にコカの葉や食物などを運ぶため包みものとして使用される。キルパまたはセニャラスカと呼ばれる動物の多産を祈願するアイマラの祭には、コカ・酒・塩・リャマの脂肪などの供物をのせて、土の女神へ捧げるための敷きものとして用い、儀式用布としての役割もあって神聖視されている。

1-27 ボリビア
ビクーニャ経縞復経紋織インクーニャ
76.0 × 87.0 (cm) 20世紀初

1-28 ボリビア
ビクーニャ緯縞菱文紋織インクーニャ（四隅房 房丈18.0cm）
35.2 × 35.8 (cm) 20世紀中頃

インクーニャは通常一枚物として製織され、多くはアルパカの毛で、経糸密度の高い手織の先染織物である。細く紐状に織った別布が基布の四方耳にそって組み込まれ、この細い布は四辺を補強し、四隅に紐が出ると"結ぶ"機能もはたしている。布は経縞柄で、3本から5本の縞群を左右対照に配置したものが多く、縞の内に幾何文・神人同形文・動物や鳥文を複経紋織で織り込んでいる。コカクロスの歴史は古く、カブサス文化（AD300年）の墳墓から発見されたものを最古に、多くの断片がペルーの南海岸やチリ北部の考古学上の発掘品の中に見い出される。17世紀イエズス会の宜教師で、チチカカ湖地方にインディオと生活を共にし、1612年にアイマラ語辞典を出版したルドリコ・ブルトニオによると、16世紀ルパカアイマラの女性が運搬に用い、また頭を覆う布をウンクーニャ（uncuña）と呼び、パカサアイマラの女性達が同様に用いる布はタリと呼ばれた。ルパカの女性達は多様な頭にかぶる装飾布を使ったが、ウンクーニャは生活のための多目的布であり、包みもの・敷きもの・かぶりものとして使用頻度の高い布であった。19世紀のフランスの旅行家、アンドレ・ブレッソンはアイマラの女性達がインクーニャを畳んで頭にのせ、かぶりものとしていると述べている。19世紀にはインクーニャは地方によって多くの種類を生んだが、それはアイマラ族の他の織物と同様に基本的には縞構成によるもので、デザインは変化せず今も伝統を保っている。

南米中部、太平洋岸に面する**ペルー**の住民は、スペイン系白人とインカ文明を築き上げたキチュア族の末裔との混血であるメスティーソが大部分を占め、スペイン語を公用語に地方ではキチュア語を用いている。山岳地帯のインディオがもつ生活布マンタ（manta スペイン語）はアルパカやリャマなどの毛を紡ぎ、平織の間に複経紋織の縞を配置した約130cm角の布で、二枚継ぎしてほぼ方形に仕立ててある。
*❶-29
風土が3000m級の高地では昼夜の温度差が極端に大きく、昼間は品物を包んで肩力運搬したマンタが、夜には毛布となり身体を包む。マンタ一枚の布で子供も包めば雨露もしのぐかかぶりものとなって、衣類との兼用布ということになる。ペルーにはアイマラ族も住み、小幅2枚継ぎのインクーニャも使用している。近在の村々から人々が集まり、情報や物資の交換そして祭でもある定期市がひらかれると、品物をならべたマンタの敷きもの、そして大きな荷物を包んで肩力運搬するマンタの風呂敷でいっぱいにな

る。山岳地帯では女性達が包みを肩力運搬で両手を自由にし、寸暇をおしみ紡錘車をさげて糸を紡ぎながら歩く姿が見うけられる。

　上述したそれぞれの国の包み布の名称は、すべて網羅されているわけではないが、手許にある実物資料の名称、そして使い方をわかる限り列記した。また生活布を説明するにあたり、日本の風呂敷とその使用が似ている場合あえて風呂敷と記述した。包み布が使われている地域での名称について考えてみると、方形布帛を総称した名称で呼ぶもの、多目的に使う布つまり兼用布に名称がついているもの、使う用途が明確で専用布としての名称などがある。また包み布自身を示す名称でなくても、アラブ圏のシリヤやモロッコのスッラッのように"包み"を総称した言葉も使われていることが理解される。

1－29
ペルー
毛経縞鳥獣人像文復経両面織マンタ
95.2 × 98.0 (cm)
20世紀初

　上述した国以外でも**中国**や**印度**では古くから布帛が製織されたため、多くの包み布の使用が認められる。中国湖南省長沙における前漢時代の馬王堆漢墓から裏布が出土し、唐時代のトルファン・アスターナ墓から絹黄無地の風呂敷が四隅を結んだままの状態で出土した。これは引返し仕立で二重にしてあり、袷仕立の包みものを結んで使用した証となる。また宋代の物語『水滸伝』に登場する108名の盗族たちは裹包を肩に担ぎ、腰包は腰力運搬し、肚包は腹部に結びつけて活躍する様が記載されている。現在中国での包み布は包袱(baofu)と呼称し用いられている。それは主として型紙糊防染による印花布を用いる場合が多い。包みの語源は中国に始まり日本に伝来した。日本の包みものとしての名称は中国の文字である「裹」・「裒」・「幞」などの漢字によって命名され記録に残されている。

　染織の宝庫とされる**印度**では一枚の布を身に巻きつけるサリーを始め、生活はあらゆる方形布帛によって営まれている。使用する布帛は汚れると屋外で洗濯され、気温が高いため10分もすれば乾燥する。運搬に関しては洗濯ものの中から包みものとして適当な大きさの布を取り出し、他の洗濯ものを包んで頭上運搬で持ち帰る。全ての衣料が包み布として利用される時、この布を示す固有名称は必要がないことになる。パキスタンと同じく、方形布帛を総称したルマールという言葉もあるが、グジャラート州西部のカチャワール半島地域には、チャクラ(chakla)と呼ぶ刺繍の掛袱紗がある。花嫁の持物を覆う袷仕立の布帛で、ちょうど日本の金沢地方で新夫婦の部屋にかける加賀のれんと同様に、花嫁が家に入ると幸福の印として壁にかける習慣がある。これもまた専用布として名称を持つ例である。

　今日包み布を使用している地域におけるその使用目的を考えてみると、現在でも機械文明におかされていない生活を営む地域では、布を原始機で織り、そのため布の装飾は織技術を駆使している。布一枚を織りあげるには長い時間を要し、一枚の布を兼用布として多目的に使う。この地域においては、人力運搬を必要とし、布帛を運搬補助具として使う風俗習慣が長く継続している。現在、布を生産効率のあがる織機によって製作し、あるいは生活必需品の多くを規格化された商品に依存する地域にあっては、

染織技術も進み、織技術に加えて、量産の布を染めたり、刺繍によりそれぞれ伝統的な意匠をこらした生活布が見られる。運搬用の包み布は消えつつも、贈答や儀式習慣にみる掛けもの、包みもの、敷きものなどが、家格を誇示する目的もあって高度な染織技術を発揮して製作されている。人力運搬を必要としなくなった地域でも、総轄する内容品を固定した状態のまま運搬したい場合、包みものを使用する。たとえば箱の中で衣類がたたみくずれないように、書類が揺れ動かないように、箱の内の余剰空間をうめるための中包みで内容品を包むことになる。また経典包みのように内容品が信仰に関わるもの、神への供物なども清浄に保つために包んで収納し、運搬する習慣は長く続いている。

　包みものとしての生活布が用いられた地域に共通する点は、衣生活において布が存在すること、住生活においては調理や食事を坐してする地域で、坐る生活様式が長く継続していることなどがあげられる。そしてこの二点の共通性が当然ともいえる定着生活をおくる農耕民族に、包みものの系譜がより多く見られると考える。

　まず布の発生には繊維素材の採集が可能で、自家需要を満たすために布帛を作り出す技術がなければならない。布を織るには、原始機あるいは原始機が機台に固定された織機が必要で、この道具によって手で織る場合、製織しやすい生地幅は織手の腰幅程度であり、それは50cm程である。織幅よりも広い布帛を必要とする場合は幅継ぎして用いることになる。拡大された布帛は方形を保って用いられるため、衣裳は畳んで収納することが出来、また着用時にはフリーサイズの布として身体の大小を選ばず、着用方法は包むまとうという動作を選ぶことになる。

　単純簡素な居住空間で生活する人々にとっては、各種の生活布を畳み包んで収納することは自然の成行きであり、身の廻りの品の総轄そして運搬などは手近にある布を包みものとして兼用し、創意工夫をともなって自然発生的に使用してきた。調理・食事・就寝を狭少な居住空間で共有する地域にあっては、家具を設置する場所もその必要もなく、農耕作業の姿勢からも、坐る生活様式を保つことになる。

　農耕民族の間に包みものを使用する例が多い理由としては、食物と同様に布帛類は土地からの恵みを素材にして生産される。動物繊維や植物繊維は一定の育成期間が必要であり、特に植物繊維は成育・採集・紡績・製織などの労働期間を必要とするため、移動生活をおくるよりは定住生活を営む方が生産効率はあがり易い。布を生産し使用する農耕生活にあっては、布を畳む・包む・まとうという生活行動をともなった平面処理の文化を育てることになる。

　原始機は織道具も少なく、移動にも便利で経糸をつけたまま巻き込んで運搬され、原材料の補給さえ得られれば場所を選ばず製織することが出来る。したがって狩猟民族や遊牧民族の間にあっても布帛を製織することは出来た。布が存在すれば、布で包むという行為はどこでも行われていることであるが、生活の原点にもどり考えてみると、彼等には始めから布に代る毛皮が得られたため、毛皮に依存する衣生活が継続された。捕獲される動物の毛皮は均一な品質や寸法を有しないため、身体にそって毛皮を裁断し、貼りつけ、詰め込むという立体処理の文化を育てることになる。洋服・鞄・腸詰・缶詰などの事例にみる狩猟民族の文化は、農耕民族の平面処理の文化と対応している。

（写真資料提供宮井株式会社）

主として現代も活用されているもののみ掲載。（　）内は発生時代。□は本書に関係する生活布。

方形布帛の生活布（表-1）

きもの
外的損傷からの保護・防汚・防塵・水や汗の吸湿・装飾的儀礼効果を発揮するための身体専用包み。

- 袈裟式衣　幅広く長い一枚の布を一方の肩から斜めに他方の脇下へと回し、下半身を包むように広げ巻く単純な原始的衣である。
- 帯　性的呪術のために腰に結んだ紐が発達したもの。後に着物に対応して装飾性が強化され、結び方と模様表現によって性別、婚否、職業別、年令別が区分される。
- 湯文字　女性下半身の肌着で、腰巻き、湯巻きとも云う（平安時代末期～）。江戸時代には裾除けというようになる。
- 前垂　前掛けともいう。着物のひざ部分を汚さぬ為につける、上辺紐つきの布（室町時代～）。明治末期からはエプロン、サロン前掛など名称が変化する。小幅2幅・3幅のサイズがある。
- 化粧廻　相撲の力士が土俵入りで装飾美を発揮する。後援者からの贈物で力士自身が調達することはない（江戸時代～）。
- 下帯　男子の褌、六尺褌、越中褌、畚褌（江戸時代中期～）。
- 角巻　東北地方で用いる婦人用防寒具、三角形に二つ折にして身にまとう。きもの、かぶりもの、ひざ掛けとなる兼用布。

包みもの
運搬、収納、保護、総轄を目的とする。

- 襁褓　古くは産着を意味した。尿便を受けるための布。方形のものは三角に折って用い、長方形を二枚使用するものは褌の如く用うる。
- 風呂敷　運搬収納用具として用いられ、紋章付きのものは贈答儀礼の包みものとして使用される。
- 衣裳包　風呂敷の機能の内、収納・保護を専用化したもので、衣服を包む。白木綿か、うこん染めにした単衣3幅で衣裳箪笥の中に用いる。
- 加賀袱紗　重箱による贈答専用の袷せ風呂敷。上差し緒を四辺につけて加賀紋をつけ金沢、富山、福井など北陸地方で使用している。
- 小袱紗・手袱紗　45cm角の小風呂敷。金封・小物・貴重品などを包む。
- 袷せ袱紗　袷仕立にした小風呂敷。
- 折包　片木折に入れた食物の専用包で、白木綿地に赤の顔料で寿文字や折鶴を刷り込んだもの。宴席や料理店の食物持帰り用の風呂敷。

覆いもの　掛けもの
日除け塵除け虫除けを目的として用いる。保温吸湿性を求めるもの。儀礼的装飾品として用いるものなど。

- 掛蒲団　保温性、吸湿・透湿性のある軽く柔らかいものが好まれる。
- 夜着　襟・袖をつけた綿入寝具。平安時代の衾。室町時代は小夜着と呼ぶ。
- ＊寝具は夜具一組として、敷蒲団2枚夜着1枚掛蒲団1枚で構成され、敷きもの掛けものを組み合わせて1組とする。
- 油箪　もとは厚手和紙に桐油を塗って防水紙とし、雨除けに用いたものが後に布地に変わる。箪笥・長持などの覆い布として用いる。
- 掛袱紗　贈答儀礼時に進物品に掛けて贈る。普通袷仕立とし江戸後期からは四隅に房をつける。一種の結果思想を付与して、意匠模様による間接話法によって情意表現が行われる。
- 重掛袱紗　民間で配りものの重箱に掛けて用いる。多くは地方農村にあって木綿、麻などに筒描きで吉祥文・家紋などを画き、単衣で使用する。
- お膳掛　食膳の上に掛ける。木綿や麻の白地に注染で藍・茶に模様付した単衣もの。簡単な配りものにも掛る。

敷きもの
奈良時代は褥という字があてられた。物品の保護または住居の床に保温、防温の目的で用いる。

- 敷蒲団　寝具として敷く。
- 敷布　木綿や麻の単衣のシーツ、花筵、寝茣蓙などイ草で織ったものは夏季に用いられる。
- 畳　真茣、薄緑などイ草を織った一枚もの。床付を畳と呼んだ。
- 座布団　引返し仕立の綿入。座席の場所を示し、座り方の前後方向も指定する座具。
- 出し袱紗（小袱紗）　茶の湯で道具拝見や茶碗をのせて用いる。綾・錦の先染織物が多く、袷せ仕立。
- 打敷　綾・錦で袷仕立に製作され、上差し緒を四辺に通す、進物時の敷きもの。寺院や仏家では仏具・経本の下敷として用いる。掛けもの、包みものとして用いることもある（平安時代～）。

拭きもの
大切なものの湿気や汚れを拭取るために用いる。

- 茶袱紗　茶の湯に於いて、茶器を拭き清める。袷せ仕立。
- 手拭　手巾とも書く。浴用、洗顔に用いる麻や木綿の布。小幅の3尺丈（平安時代～）、手拭は小幅3尺2寸、汗拭は1尺2寸（室町時代～）。手拭は本来拭きものであるがこれを頭に巻いて被りものとする五尺手拭もある。鉢巻または、塵除けの被物、半天の腰紐など自由に用いる。手拭被は約30種類ほどの形式があり職種、性別を表して用いる。
- 雑巾　使い古された布裂を集めて4～5枚重ねにし家具、床、足洗いの拭きものとして多用される。麻や綿の織物は最終的には雑巾として再製利用された。

被りもの
頭に被り、また顔面をおおうために用いる。

- 頭巾　古くは撲頭と云う。頭巾の種類は多く（室町時代～）、お高祖頭巾、風呂敷頭巾、フロシキボッチ（角巻き）など防寒、塵除け、装飾用として用いる。
- 角隠し　御殿女中の外出用の被りものが、近代になって婚礼用として用いられるようになる。
- 覆面　顔を覆い隠す布（室町時代～）。覆面の名称は桃山時代から。秋田農村ではナガテヌゲを用い、刈り入れの時麦稲穂から顔を防ぐ。また、夏の汗止めとしても使用する。

第2章
風呂敷の歴史

包みものの歴史と名称の変遷

我国に布が存在して以来、包みもの歴史が始まるが、それは最も簡単な一枚の四角い布帛であるため、裁断面は縫製されるものの、その始原から現在に至るまで形態や使用方法は変化せず、素材・染織技法・意匠文様が時代の発展に従い変化したにすぎない。

現存する実物資料、あるいは文献に見る方形布帛の包みに関する記述を時代を追ってとり出してみると、それは名称の変遷経過ということになる。包みの名称を有するもので現存するものは、正倉院蔵の御物を包んだ収納専用包みがあり、いづれも収納される品物を想定して設計され収納物の名称が墨書してある。

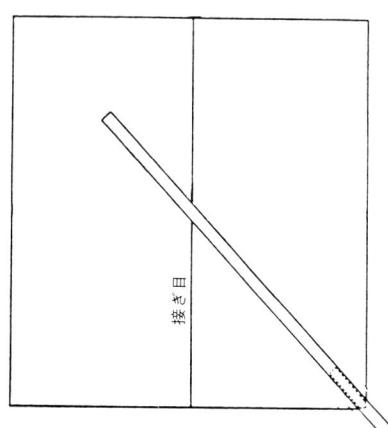

2-1
迦楼羅裹　表

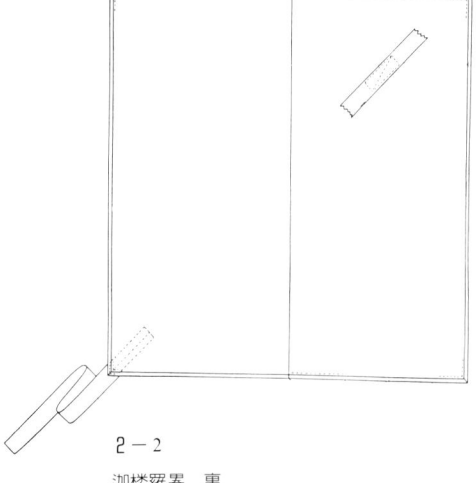

2-2
迦楼羅裹　裏

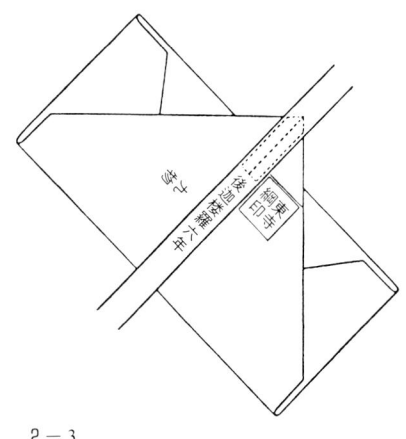

2-3
迦楼羅裹　包結状態

『日本上代被服構成技法の観察』山本らく著の調査報告によって、挿図は生地幅を左右に丈を上下に見て紹介する。

迦楼羅裹(つつみ)は102cm丈×98.5cm幅の2幅中継ぎ袷仕立。表裏同じ絁を用いて、表は黄染め、裏は白地である。またこの裏の表の右下隅には表地と同質同色の結び紐が取りつけてあり、紐の寸法は全長179cm丈×4cm幅で、紐のほぼ中央部が裏の斜方向に縫付けてある。表紐には「後迦楼羅六年」、表帛には「九物」の墨書及び「東寺綱印」の朱印がある。裏面は表帛の見返し1.3cmの四方袱、2幅中継ぎ仕立で表紐縫合に対して、裏面の右上隅付に白絁の結び紐が取りつけてあるが欠落のため紐寸法は不明である。この裏の包結方法は裏面右上に舞楽装束を置き、これを縫合してある紐で結び固定する。次に左右の隅をたたみ、平包みにして表面に取付けた黄絁の紐で結ぶと、包み表に墨書が現れる。

師子児裹は96cm丈×106cm幅の2幅中継ぎ単衣仕立で、四辺は三つ巻き縫で処理した裹である。表の右下隅に斜方向で160cm丈×3cm幅の紐が付加され、

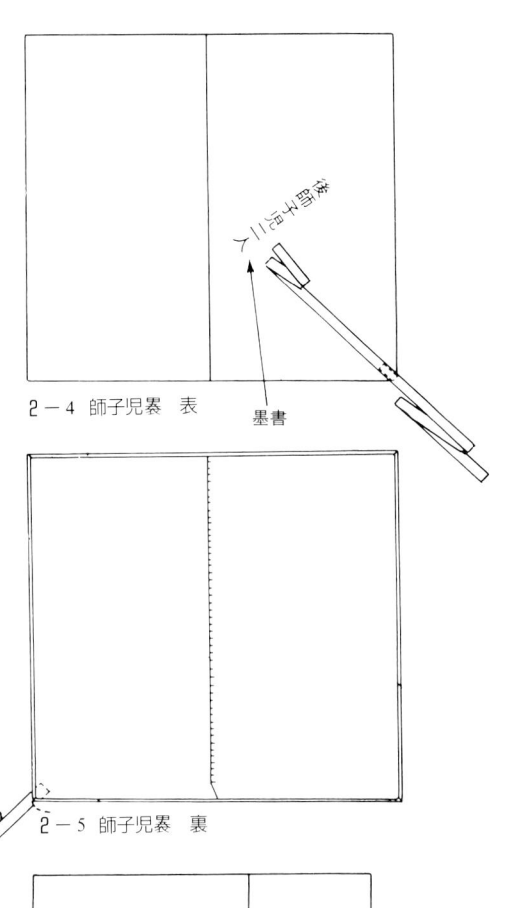

2-4 師子児裹　表
墨書

2-5 師子児裹　裏

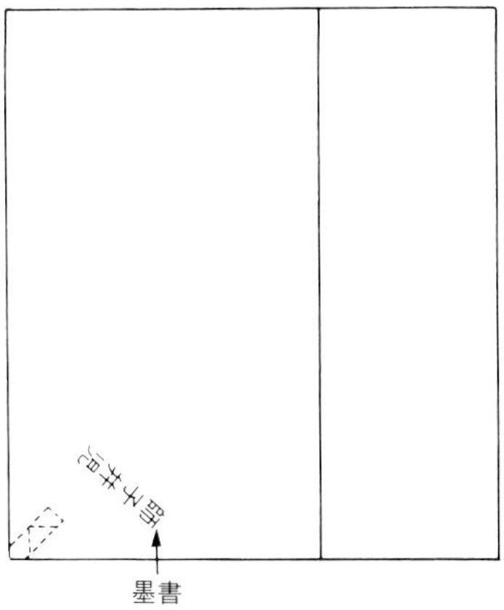

2-6 師子幦　表
墨書

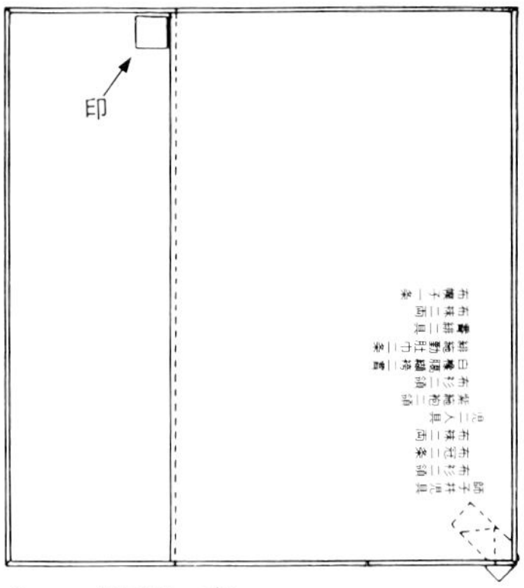

2-7 師子幦　裏
印

紐の中央部を縫合している。表面には「後師子児二人」と墨書があり、包結状態で上下に読めるよう斜書きされている。この裹は伎楽装束を包んだもので、平包みにした後に紐で結び収納物を固定するよう配慮されている。

師子幦は103cm丈×96.5cm幅の中継ぎ袷仕立で、*❷-6 *❷-7 幦表には「師子幷児」の墨書、裏面には「上総国印」の主印と次の墨書がある。「師子幷児具　布衫二領、布冠二条、布韈二両。児二人具、紫絁袍二領、布衫二領、白橡臈纈袴二膳、緋絁勤肚巾二条、膝緋二具、布韈二両、布幦子一条」と収納物の舞楽束装一揃が一括して12桁に記載されている。布幦子一条とは、この師子幦自体を示している。裏面右下には紐をつけた針穴が認められ、調査記録ではこの紐を160cm丈×5cm幅のものと推定している。包結方法は師子児裹の包み方と同じで、包んだ状態では「師子幷児」の墨書が包みの上に現れるよう斜書きしてある。

上述の他に正倉院展で出品された包みものは、**崑崙裹**100cm丈×100cm幅の袷仕立、**御袈裟幦**130cm *註1 *註2 丈×107cm幅袷仕立。**布幦**104cm丈×104cm幅の袷仕 *❷-8 *註3 立。これは、白麻布を1幅半継ぎあわせ、表の一隅

2-8　布幦　裏　正倉院蔵

に浅緑絁の紐がつき、裏面に「鼓撃十人具、布衫十領、各着絁袷紬、帛勒肚巾欠、布袜十両、布幞子一條」と五行に墨書きしている。舞楽の伴奏鼓打10人分の麻布製の衫（下着）、絹製の勒肚巾（帯）、麻布製の袜（靴下）をこの幞に包み、紐で固定したのである。

奈良時代は中国文化摂取の時期であり、**裹・裘・幞**の文字によって包みものを表している。包み方はいづれも平包み様式を取り、縫合した布帛紐で結び、収納物を固定している。この平紐の結び目は小さく、包みの荷重は平均して加わることになるので、下積みされた包みの納物を痛めることなく収納する工夫がされている。墨書や朱印によって収納物の表示と所在確認が行われ、これらの包みものの多くは唐櫃に入れて保管され、当時の人々の包みによる整理能力を表している。紐付の包みものは韓国の褓子器やブータンのブンディにも見られるところであるが、褓子器の紐は小さな布帛で大きなものを包むため付加される紐であり、ブンディは贈りものの神聖を表現するために結界を結び紐と封蠟で表している点において、正倉院蔵の包みに付ける紐とはその意図が異なっている。正倉院の特徴は「勅封」にあり、天平元年（729）以後30年間の御物が収蔵され、奈良朝文化をそのままに1200年もの間、この包みを保存して来たのである。 *註4

現在我々は季節や慶弔時の贈答品を包む時、祝儀は右包み、不祝儀には左包みで贈り、百貨店包装紙による包み作法も同様に行われている。こうした包みの作法は元正天皇の養老3年（719）2月3日「壬戌初令天下百姓右襟」（『続日本記』巻八）の法令が発せられ、庶民の左衽（さじん）を禁じ、すべて右衽（うじん）に改めたことに起因する。この法令によって左衽の風習は暫時なくなり、一般の和服は右衽による着装方法が取られるようになった。右衽とは着用者の右前を下に、次に左前をその上に重ねる着装法であり、今日の婦人服の合せ方は左衽で、和装は男女とも右衽になる。右衽が一般化すると、左衽

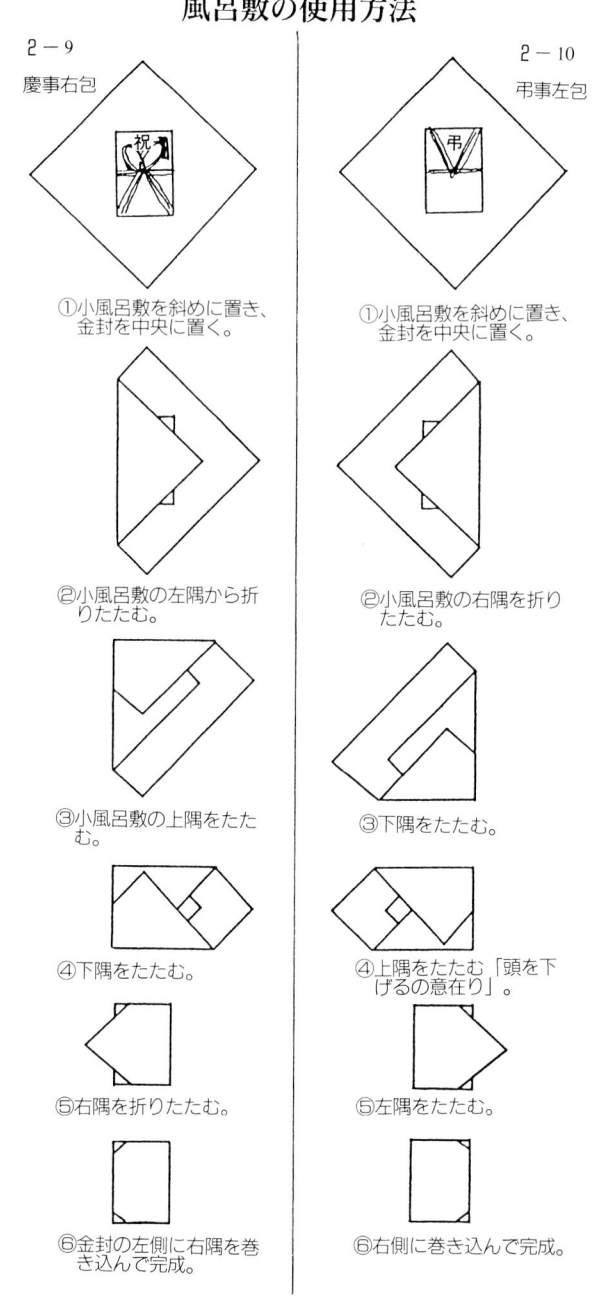

風呂敷の使用方法

2-9 慶事右包

①小風呂敷を斜めに置き、金封を中央に置く。
②小風呂敷の左隅から折りたたむ。
③小風呂敷の上隅をたたむ。
④下隅をたたむ。
⑤右隅を折りたたむ。
⑥金封の左側に右隅を巻き込んで完成。

2-10 弔事左包

①小風呂敷を斜めに置き、金封を中央に置く。
②小風呂敷の右隅を折りたたむ。
③下隅をたたむ。
④上隅をたたむ「頭を下げるの意在り」。
⑤左隅をたたむ。
⑥右側に巻き込んで完成。

相手に差し出す時は金封正面が相手に向くように左手で持ち手のひらの上で包みを解き、金封を現して右手を添えて差し出す。相手は金封のみを受け取る。（弔事も同様にする）

2-11
『扇面古写経』下絵

古路毛都々美の頭上運搬。衣類が多いため包みの二隅を結んでいる。

は物事の逆様、つまり縁起の悪いことを意味するようになり、平常と異なる状態、すなわち死人は生きている人と区別して左袵に着せるようになった。こうした風習はやがて包みものの世界にも及び、陰陽道の生・死、吉・凶、晴・穢、清浄・不浄、右・左、奇数・偶数というような中国二元論的宇宙観ともあいまって、慶事包みは右包み、弔事包みは左包みに包む作法が普及したのである。現在、風呂敷や包み袱紗を使って贈りものをする時、例えば結納目録や婚礼内祝を包む紋付風呂敷は、結ばず平包みで右包みとし、香典や弔用供物は左包みにしている。このことは実に1200年余に及ぶ包み方の伝統が今も継続していることになる。

平安時代後期(藤原時代)の『倭名類聚抄』(935年頃成立)には「帊幞通俗文云．帛三幅・曰帊。普賀反去声之軽　帊衣曰曰普僕。揚氏漢語抄云。衣幞　古路毛都々美。」とあり、衣幞の註として古路毛都々美と呼んでいたことがうかがえる。絹帛3幅継ぎの衣裳包である。この包みの使用状況は後鳥羽天皇の文治4年(1188) 9月15日、四天王寺へ奉納された扇面古写経 巻七 市場図の下絵に女房が衣類を包んで頭上運搬する姿が見られ、平安後期の風俗を表している。

南北朝時代の『満佐須計装束抄』源雅亮、康永2年(1343)には「ひらつつみにて物をつつむ事。」の項目に、衣筥を包む布の四隅を結ぶ順序が記載され、包み布を「平包」と呼んでいる。

室町時代には当時の辞書である節用集の発刊を見たが、そこにも包み布は平包(ヒラヅツミ・ヒラツツミ)とある。この頃から風呂と風呂敷の関係を考えさせられる記述が見えはじめる。鎌倉時代にはすでに寺院の施浴が盛んになり、『吾妻鑑』(1273～1304成立)には源頼朝(1147～99)が鎌倉山内の浴堂で1日100人、のべ1万人の百日施浴を行い、幕府が尼将軍政子追善に長期施浴を行った記述があるが、この風習は室町時代にも引継がれ「功徳風呂」、「非人垢摺供養」などと呼ばれた。将軍足利義満が室町の館に大湯殿を建てた折、饗応するに際し近習の大名を一緒に風呂に入れたところ、大名達は脱いだ衣服を取り違えぬために、家の定紋をつけた帛紗(絹風呂敷)に包み、風呂から揚がってからは、この帛紗の上で身づくろいをしたことが室町家の記録として伝承されている。また将軍足利義政室、日野富子(1440～96)が毎年末、北大路の屋敷で両親追福の風呂を催し、湯殿をもたぬ下級公家や縁者を朝から招いて入浴させ、お斎として食事を供したと『実隆公記』(1537頃成立)は記述している。ここでい

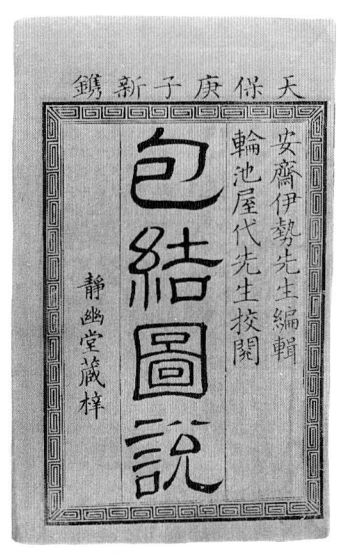

2-12 『包結之圖』

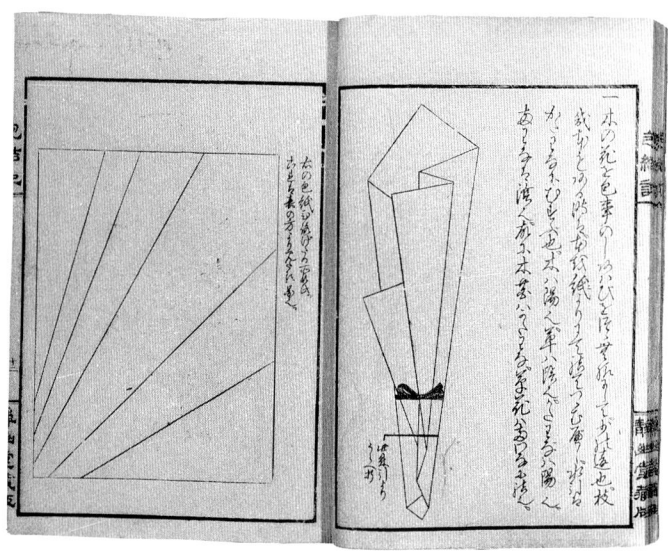

う風呂とは社交儀礼の場であり一種の遊楽をともなった宴を催すことを「風呂」といい、入浴にはいろいろな趣向がこらされ、浴後には茶の湯や酒宴が催された。当時の風呂は蒸気浴で、蒸風呂にあっては蒸気を拡散し室内の温度を平均化するため、床には、むしろ、すの子、布などを敷いた。風呂で敷く布は、たしかに風呂の敷きもので「風呂敷」と呼ぶことが当を得た名称となる。また風呂から上がった板敷に布を敷いて足をぬぐうことも自然な成りゆきで、この布も風呂敷と呼ぶにふさわしい。

　室町時代には武家故実や伊勢流・小笠原流による折形の礼法が整って、贈答や礼式に於いて奉書や鳥の子紙、水引などによる包み結びの式法も広まった。いろいろな品物包みや包み方の種類も増え、熨斗包み・草花包みなど「包み」を付加した言葉も多く使われていた。「包」を冠した名称も多く、包飯（強飯を握り固め卵形にしたもの）、包覆（物を包み覆うのに用いるもの）、包金（包んだ金銭）、包紙（物を包むのに使う紙）、包状（紙で包んだ書状）、包袋（物を入れる袋）、包文（薄様などで上を包んだ手紙）、包物（布施や贈答とすべき金銭・布帛を包んだもの）、包焼（魚・肉を物の中に包んで焼いたもの）など「包」のつく呼称が増すにしたがって、主として衣類を包んだ「平包」の明確な定義付けがしだいにぼやけてくる。より明確に平包の形態や素材感を表現する言葉として「風呂の敷きもののような包みもの」即ち「風呂敷包み」の呼称を持つことになったと推測するのである。蒸し風呂の敷きものとしては、吸湿性も良く丈夫で乾きも早い麻布が用いられた。江戸初期に生きた井原西鶴（1643-93）の文学作品中には、風呂鋪包、風呂敷つつみ、ふろ敷包み、風呂敷包み、お着物の入りたる風呂敷、など風呂敷と包みを合成した言葉が多く見られる。銭湯の発達にしたがって風呂敷包みの用語例は普及し、江戸後期には包みを略して単に風呂敷と呼称するようになる。

　将軍家光（1604～51）の参勤交代制の確立は寛永12年（1635）で、諸大名の江戸常住が制度化されると多数の武家屋敷が設けられ、これを目あてにして諸国から商人も移住し、享保7年（1722）には江戸の武士人口およそ50万、町方人口46万余と推定されるまでになった。

　銭湯は近世に於ける都市生活の発展を反映し、湯屋営業も普及した。銭湯は湯銭を取って入れる風呂から来ている。江戸での銭湯は天正19年（1591）に伊勢与市が銭瓶橋に銭湯風呂を建て永楽銭一文の入

浴料を取ったと『慶長見聞集』三浦浄心（1614）にある。これより据風呂・鉄砲風呂・子持風呂・戸棚風呂・五右衛門風呂などいづれも湯を張った「お湯」が出来、その種類も増した。高禄の武士と老舗や大家は自宅に湯殿をもつようになる。奈良時代の温浴は沐浴潔斎であり、入浴作法が定められ、結界思想もあって入浴には必ず明衣（麻白布の衣）をまとった。鎌倉、室町期もこの作法に準じたが、江戸期になるとこれが簡略化され、湯具としては手拭・浴衣・湯褌・湯巻・垢すり（呉絽の小布）・軽石・糠袋・洗い子などを風呂敷に包み銭湯へかようになる。銭湯や他家でのもらい湯の際に湯道具を包んで持参し、浴後にぬれた手拭や湯褌・湯巻きを包んだ方形の布を風呂敷と呼んだ。風呂敷はやがて銭湯などで他人のものと区別しやすいように家紋や屋号を染めるようになった。

　風呂敷という名称に関する最初の記録は、徳川家康（1542〜1616）没後の元和2年（1616）に生前の所蔵品を近親に分散した際の遺産目録のなかで、尾張の徳川家が受けついだ明細書である『駿府御分物御道具帳』*註6 に見られる。この中には「こくら木綿風呂敷　壹」とあり、ここでの記載様式は、素材別・用途別に同種の物をまとめて列記してある。ここで言う「こくら木綿風呂敷」は、「こくら金入敷物」と並び記されている。木綿の生産は各地にはじまったばかりであり、木綿の敷物は当時としては高級品であった。家康の所蔵した「こくら木綿風呂敷」は字義の通り、風呂の敷物であり、包みものとしての風呂敷ではなかったと思われる。

　この記録から風呂敷の名称は、戦国時代にはすでにあり、平包から風呂敷へ呼称の変化する時期は『近世事物考』久松裕之（1848に記す）に「寛保の頃より平包の名はうしないて、物を包む布を、皆ふろ敷と云なり」とあるから元禄・宝永の頃までは、平包と風呂敷包みの呼称が混在し、次第に風呂敷に統一されたのであろう。現在でも平包みと呼ぶことはあるが、この場合は風呂敷を結ばずにたたむ包結方法をさし示す言葉として用いている。

　江戸中期、古学・国学の発達から近世の学者達によって事物起源や語源による語彙の解明をすることが盛んとなって、風呂敷の解釈も試みられるようになった。

◎浴後に敷いて座とするものの名。『倭訓栞』（谷川士清1707〜76）、『屠龍工随筆』（小栗百萬1724〜1778）。
◎風呂の場所に敷きて浴衣にひとしきもの。『本朝世事談綺』菊岡沾涼（1734刊）
◎湯上り場所に敷き、また物を包むものの名。『夢の代』（山片蟠桃1748〜1821）、『半日閑話』太田南畝（1823年迄に記す）
◎入浴に際し衣服をつつみ、浴後これを敷くものの名。『南嶺遺稿』多田義俊（1757年刊）
◎風呂の敷きもの、足をぬぐうものに似た包みものの名。『貞丈雑記』伊勢貞丈（1843年刊）

この風呂敷用途は主として敷きもの、拭きもの、包みものの兼用布として記載されている。浮世絵、絵双紙類の湯あがり、行水、風呂場（銭湯・家庭のすえ風呂）髪洗いなどを題材とした作品も多くあるが、上述の定義にあるような風呂敷を浴後に敷いたり、拭いたりしている作品は無きに等しい。江戸前期には湯文字・湯褌をつけた入湯作法も江戸後期には裸で湯へ入るようになって、銭湯へかよう姿も行きは浴衣をかかえ、帰途は衣類をかかえて風呂敷を使わずに描かれたものが多く、浴場での脱衣に関しては、衣桁や衝立、あるいは竹竿に着物や帯・手拭・ぬか袋などをかけている。銭湯板敷には衣類をおく棚が設けてあるものや、柳行李や丸竹籠に衣類を入れ置き、ここでも風呂敷のある脱衣風景というものは非常に少ない。手足や身を拭くのは、手拭1本あれば良いわけで、風呂敷で拭く必要もなく、湯上

2−13 『役者夏の富士』勝川春章筆　安永九年刊（1780）
銭湯へは浴衣をかかえて行き、帰りは浴衣を着て着物を持ち帰る。

2−14　銭湯内の図
左は竹籠を使用、右は棚の上に衣類を置いている。

りに敷物代りの風呂敷を敷かずとも着替えは板敷か畳の上でするようになっているから、直に座しても良いわけである。室町時代、風呂に招かれた大名達が衣類を包んだ帛紗から、蒸風呂の敷きもの、そして江戸の銭湯も風呂敷包みで初まるというように、風呂とは縁の深い兼用布が、時代が下がるにつれて入浴作法が変化して、必ずしも風呂で使う包み布でなくても、風呂敷という名称が包みものの総称として定着したと思われる。

室町時代の大名が使った帛紗とは絹の薄物の意味で、主として羽二重・綸子・塩瀬などの後練後染の生地を示している。『倭訓栞』（1777～1883年刊行）に「ふくさ　枕草紙に白きふくさ　無名抄にふくさの絹などのやうにてといへり　帛をいふ也」とあり。また『貞丈雑記』（1843年刊行）には、「ふくさ物　包絹の事を云　昔はきぬに包むなどと云又ひらつつみなどと云し也　ふくさ物と云うもおりもの・袋などに対して云う詞也　ふくさと計も云」と註釈が見える。ふくさは本来形容詞として用い、柔らかなことを意味した。したがって、後練後染の柔らかい絹で包むことを包絹・絹に包むなどと云ったのである。伊勢貞丈は同書別項で「今は絹にてぬいたるをふくさといい布にて縫いたるを風呂敷と云　古はふくさふろ敷という名はなしすべてひらつつみと云いし也　又絹につつむなどといふ事も旧記にあり」と記す。ここでも名称が平包から、ふくさや風呂敷に移行する記述がうかがえる。江戸中期から明治期にあっては袱紗は後練の絹を、風呂敷は麻や綿素材の包みものを示す呼称であったことが理解される。現在でも手袱紗・懐中袱紗・包み袱紗などと呼ばれるものは、比較的小さな絹製品の後練後染の単衣風呂敷をさしている。伝統芸能の世界では、「鼓をふくさで包む」など、絹風呂敷のかわりにふくさという言葉が現代でも用いられ、また包みものの総称である風呂敷のなかで、縮緬や東雲、紬などの絹素材のものは、贈答用の包みものとして使われている。

ふくさと風呂敷が素材の違いを示す名称から、機能の分化を示す名称へと発展していくことが『日本社会事彙』田口卯吉編　明治24年（1891）に「今世人に物を贈るに　重箱の上に袱紗を掛く正式には表に紋を付け　又は総紋様の縮緬絹などを用い　裏は無地の絹なり　而して不幸の時に用ふるものには表裏とも白又は淡青などの無地なり　是にて物を包みて贈る事もありしを　其の然らざる時にも懐中物など常に包みて所持する人多くなりて　風呂敷と同じ用をなす。」とある。袷仕立で、情意を表す文様や家紋をつけた贈答儀礼用の専用布、掛けものをさし示す言葉として袱紗が使われたが、儀礼の簡略化が進む今日では、贈答用といっても、それは特に結納品の掛けものを示す言葉に転化しつつある。

江戸の生活者がどれほどに風呂敷を用いたかは、寛保3年（1743）江戸に店舗をかまえた呉服商大丸の風呂敷仕入高をみても知ることが出来る。寛延3年（1750）には14,500枚であり、78年後の文政11年（1828）には60,670枚迄増加の一途をたどっている。『八王子織物史』にみる大丸一店に於いてもこの数量であるから、その販売量の多さが理解される。

江戸風俗絵図その他を見るに、いたる処で風呂敷の人力運搬が見られ、かもじ売り・小間物売り・針売り・お六櫛売り・呉服屋・端

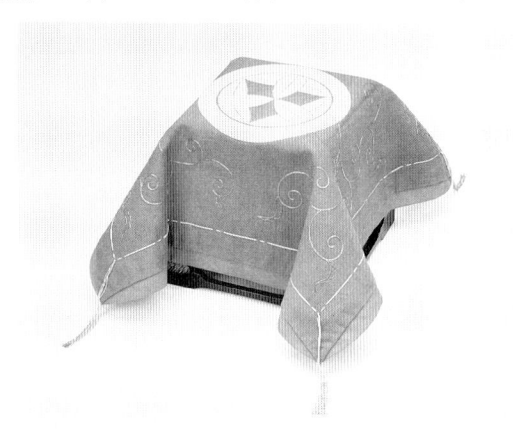

2-15
重箱を覆う掛袱紗。中央中付に「丸に九枚笹」の紋章を入れる。唐草模様は金糸刺繍、赤縮緬の裏地を八つ褄仕立にしてある。

2−16 『繪本紅葉橋』 勝川春潮筆 安永頃刊（1772−1780）
七夕の笹売りが通る。使いに行く女性は盆の上に「丸に四つ目結」の定紋をつけた掛袱紗を両手で持っている。
2人づれの女性は銭湯へ行くのか、手拭を肩がけにし浴衣をかかえている。

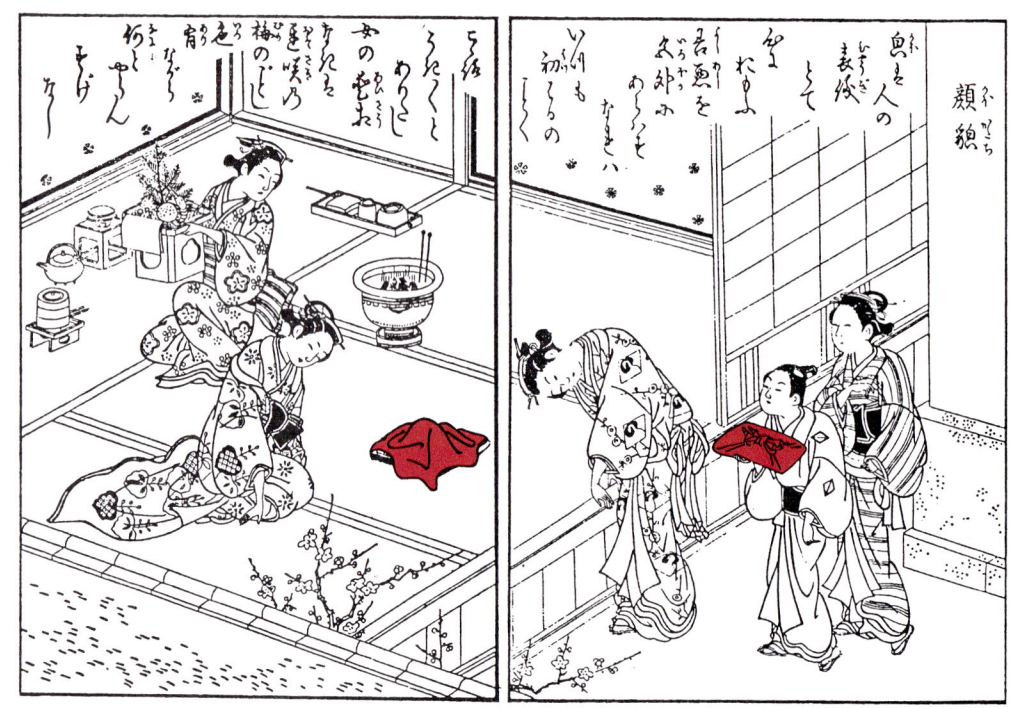

2−17 『繪本江戸紫』 石川豊信筆 明和二年（1765）刊
正月年始の挨拶を交わす女性の間には、年賀進物をのせた塗盆の上に掛袱紗がかけてある。
供の子供はお使い包みの風呂敷を片手腕上にかかえている。

2－18 『四時交加』 山東京傳筆 寛政十年（1798）戊午春正月刊
江戸の街を行き交う人々の、風呂敷による様々な運搬方法が見られる。

裂売り・古着屋・庖丁売り・古本屋・絵草紙屋・貸本屋・猿廻し・角兵獅子・宝船売り・万歳（大黒舞）・七夕短冊売りなど実に多くの行商人に風呂敷が利用されたかが証される。『守貞漫稿』（天保8年（1837）～嘉永6年（1853）までを記述する。）によると、当時の風呂敷は麻布や木綿地のものを一般に用い、それは小幅から大小5幅迄あり、5幅一反風呂敷の寸法を最大とし、寸法は縦横同尺の方形である。民間で衣類を運ぶ時は、柳行李や南部篭に納めこれを風呂敷で包み、あるいは衣類を直に風呂敷で包んで背負運搬する。江戸では火事が多く、民間の奉公人や非公認の遊女は、火災に備えて麻布5幅風呂敷の上に夜具を敷いて眠り、衣類・諸物も包む。呉服屋その他も品物によっては麻布を用いず、無地紺木綿を用い、中型（糊方型染め）や木綿縞を行商に用いるのは稀である。古雑器、茶器などを扱う商人は、うこん木綿の風呂敷を使い、唐更紗も用いる。是は1幅を方形に裁ち用いると述べている。

ここに紹介される唐更紗とは、桃山時代の16世紀末より江戸末期迄に主として海外から舶載されたインド更紗やヨーロッパ更紗のたぐいで、17世紀から18世紀にかけてのものは古渡り更紗と呼び、それ以降の更紗は今渡り、近渡り更紗と呼んだ。古渡り更紗は、陣羽織・小袖・帯・下着・仕覆・煙草入・茶道具類の包み布、そして風呂敷に仕立てられ、異国情緒あふれる染物として珍重された。江戸中期から後期にかけての年平均の更紗輸入量は、寛政期（1789－1800）に1500反強あり、最盛期の文政期（1818－1829）には8000反にものぼり、おびただしい量の更紗が舶載されたのである。このような輸入状況を反映して更紗利用は一般化し、包みものとしても多用された。特に茶道の世界では好事家達の趣味を具現して、更紗は道具類の内箱・中箱・外箱の包み裂として用いられ、箱の寸法に合わせた袷仕立の風呂敷が創作された。唐更紗は茶道具と包みものとの取合せに於いて所有者の美意識を表現し、独自の美的世界を創出したのである。海外から舶載された更紗に対し、国内ではインド更紗を模倣した

白地草花文（内箱）	白地鳳凰唐花文（外箱）	茜地段花唐草文（外箱）	白地草花文（外箱）
染付鞘挟香合		祥瑞蓮華香合	染付水牛香合

2－19 『古渡り更紗と和更紗展』根津美術館より茶道具類を入れた木箱を包む更紗風呂敷。（根津美術館蔵）

和更紗が型紙糊防染や手描きによって生産された。然しながら和更紗は「唐ざらさは洗へども文采
（彩）落ず、和染は落ちる也」『本朝世事談綺』（1734）とあるように染堅牢度が低いが、その珍奇性が
江戸の庶民に好まれ、風呂敷や裃紗などに使用されたのである。

＊註1　昭和36年正倉院展出品／奈良国立博物館
＊註2　昭和40年『正倉院展目録』／奈良国立博物館
＊註3　平成元年『正倉院展目録』／奈良国立博物館
＊註4　天平勝宝8年（756）6月21日、聖武天皇の七七忌辰にあたり、皇太后光明子
　　　　は追慕のあまり、先帝甄好の珍宝を東大寺毘盧舎那仏の宝前に奉り、その冥福
　　　　を祈願した。この時代の献品目録は『東大寺献物帳』と呼ばれ、その内容を今
　　　　に伝えている。
＊註5　下学集（1444完成）明応五年本節用集（1496）・天正十八年本節用集（1590）
　　　　饅頭屋本節用集（室町末期刊本）・黒本節用集（室町末期書写）、易林本節用集
　　　　（慶長2年（1597）刊本）。
＊註6　『大日本史料』12編24。元和2年4月17日　徳川家康訃没の条　東京大学史科
　　　　編纂所出版　大正12年3月刊。
＊註7　『江戸時代の更紗輸入－オランダ船の舶載品を中心として－』石田千尋著に更
　　　　紗輸入量の記載がある。寛政期（1789－1800）の年平均輸入量は1500反強、享
　　　　和期（1801－1803）は3600反、文化元年（1804）～文化4年（1807）6000反迄
　　　　はすべて印度原産の更紗であるが、文化10年（1813）には7872反、その内166
　　　　反が始めてのヨーロッパ更紗の輸入であり、以後インド更紗は減少する。文政
　　　　期（1818－1829）には、年平均8000反強の更紗輸入があり最盛期を迎える。天
　　　　保期（1830－1843）は年平均3000反強、弘化期（1844－1847）には2000反と
　　　　なって、天保期からインド更紗は金更紗のみになり、ヨーロッパ更紗ばかりが
　　　　輸入されるようになった。
＊註8　鍋島更紗、島原更紗、長崎更紗、堺更紗（大阪）、堀川更紗（京都）、江戸更紗
　　　　など産地名を付した更紗の総称。

第 3 章
風呂敷寸法と運搬方法

風呂敷の寸法

　風呂敷の寸法表記に今なお、伝統的な着尺の生地幅による数値が使われているのは、「メートル法」が我国に定着するまでに長い年月を要した背景と、広幅の布帛が着尺幅を幅継ぎしてつくられてきたことに起因する。明治初期、ヨーロッパ・アメリカの先進国から学術研究や工業と共に「メートル法」・「ヤード・ポンド法」が流入した。時の政府は「尺貫法」を「メートル法」へ移行させる方針をとったが、世論の強い反対にあい明治８年、尺貫法を基準に計算単位を定めた「度量衡条例」を公布。長さの単位を曲尺と鯨尺に限定し、容量の単位には升が、重量の単位には匁が採用された。

　我国は明治18年に「メートル法条約」に加盟し、メートル原器、キログラム原器が日本に交付されたのは明治22年のことである。従来の「尺貫法」に「メートル法」、イギリス・アメリカの貿易や文化交流で用いる「ヤード・ポンド法」と３つの度量衡単位は経済・産業界に混乱をまねき、政府は経済的損失をなくすため大正14年「メートル法」の専用をうたった法律を成立させた。大正政府はこの法律の附則のなかで「従来の慣用の度量衡は勅令の定むるところにより、当分のあいだこれを用いることを得」と定めて猶予期間をもうけ、官公庁・電気・ガス・水道事業など34事業部門については施行後10年目の昭和９年７月迄、その他の部門については昭和19年７月迄とした。然しながら長年慣れ親しまれた尺貫法に関する生活意識は、なかなか改められず、長期にわたる迂余曲折をえて、「メートル法」の統一実施は昭和33年12月31日まで実に33年を要したのである。このような「尺貫法」から「メートル法」への切替えの過程にあって、長い歴史と伝統を尊守する和装業界では、織機設計は曲尺（１尺＝30.3cm）を用いて製作し、製織した布帛類は鯨尺（１尺＝37.8cm）を使用。原材料となる絹は貫匁（１貫＝3.75kg）、綿糸はポンド（１ポンド＝0.4536kg）、化合繊維はキログラムを商取引単位として用いたのである。

　風呂敷の生産・流通・販売を営む和装小物業界にあっては、「尺貫法」・「ヤードポンド法」・「メートル法」による度量が混在する不便もあって、江戸時代から慣れ親しんだ風呂敷の寸法呼称である「幅」

表－２
風呂敷のサイズ　　着尺小幅 ＝ 鯨尺９寸 ＝ １幅 ＝ 約34cm

幅　種　類	幅　構　成	約 cm 換算
中　　幅	小幅と２幅の中間	45cm
２　　幅	小幅×２枚つなぎ	68cm〜70cm
２尺幅	２尺幅	75cm
２尺４寸幅 (2.4幅)	ヤール幅	91cm
３　　幅	小幅×３枚つなぎ	102cm
４　　幅	２幅×２枚つなぎ	136cm
５　　幅	2.4幅×２枚つなぎ	180cm
６　　幅	３幅×２枚つなぎ	204cm
７　　幅	2.4幅×２枚＋２幅（中央に２幅を加え両端に2.4幅）	238cm

＊中幅,２幅,2.4幅,３幅までのものは丸幅（中継なし）が市場にあり。
　４幅,５幅,６幅のものは通常２幅〜３幅までのものを中つぎ（縫製）して製造する。
＊中つぎの大版風呂敷は縫代がけずられるためcm換算値よりいく分短くなっている。
＊補強のため当布をつけるものは４幅〜６幅で、風呂敷の４分の１の当布を中央に斜め付する。

表-3 風呂敷に使用される一般的な素材とサイズ種別　1975年調査

繊維分類	品質素材	生地名称	中幅	二幅	2尺幅	2尺4寸幅 2.4幅	三幅	四幅	五幅	六幅	七幅	主たる機業産地及び産地メーカー	一般的な使用染料名
天然繊維	絹100%	縮緬	45	68	75	90	105					丹後（京都）	直接染料 酸性染料
		東雲	45	68		90						丹後（京都）	
		浜紬		70		90						長浜（滋賀）	
		白山紬		70		90	105					加賀（石川）	
		フラット		70								北陸（福井）	
		藤絹, 羽二重 etc		70		90						北陸（福井）	
	綿100%	ブロードクロス	45	70		90	104	128	180	210		綿紡10社 尾州（愛知）（木綿唐草は塩基性染料）	硫化染料 ナフトール染料 反応性染料 インダスレン染料
		シャンタンクロス				90	104						
		タッサークロス				90	104						
		天竺				90	100	123	180	200	238		
		金巾		68		87	100						
		バニラン(変り織)				90	104						
再生繊維	レーヨン100%	縮緬		68		90						丹後（京都） 化合繊メーカー	直接染料 酸性染料
		エット		70									

レーヨン素材は風呂敷の素材としてはアセテート, トリアセテート, ナイロン素材との交織で使用される場合が多い。

繊維分類	品質素材	生地名称	中幅	二幅	2尺幅	2尺4寸幅	三幅	四幅	五幅	六幅	七幅	産地メーカー	染料
半合成繊維	アセテート トリアセテート	クレープ		70		90							分酸染料
		紬		70		90							

この繊維も強度を増すためナイロン, レーヨン, ポリエステル, 繊維との交織で用いられている。

繊維分類	品質素材	生地名称	中幅	二幅	2尺幅	2尺4寸幅	三幅	四幅	五幅	六幅	七幅	産地メーカー	染料
合成繊維	ナイロン	デシン ナイロン100%		70		90	106					化合繊メーカー 商社系列による供給	分散染料 酸性染料
		クレープ ナイロン・レーヨン交織		70		90							
	ポリエステル100%	デシン		70		90							印刷顔料 分散染料 転写捺染
		東雲		70		90							
		倫子 etc		70		90							

を単位とする商取引が長く続いた。「幅」とは着尺幅のことで鯨尺9寸（34cm）小幅を示し、生地幅を示す単位の呼び名である。昭和初期迄一般庶民の衣料として用いる布帛は主として着尺であり、着物一枚分に相等する着尺1反は鯨尺9寸（34cm幅）×長さ3丈（1150cm）で、生地の取引は2反分を1疋とした単位、つまり鯨尺9寸（34cm）幅×長さ6丈（2300cm）の布帛で行われた。通常「9寸小幅」と呼んだ着尺幅の実寸は、鯨尺9寸6〜7分（約36.0cm）に製織されたから、生地を幅継ぎした実寸は9寸に仕上ることになる。衣料としての着物はもとより寝具・幕・油単・風呂敷に至るまで小幅を基準とし、大きな布帛が必要な時はこれを幅継ぎして製作された。

風呂敷の大きさを示す幅数の種類は〈風呂敷のサイズ〉(表−2) で見るように、中幅（45cm金封包）、2幅（68cm普段包み・弁当包み・菓子折包）、2尺幅（75cm婚礼内祝中包み用）、2.4幅（90cmヤール幅買物包み）、3幅（102cm衣裳包）、4幅（136cm）、5幅（180cm）、6幅（204cm）、7幅（238cm）と9種類ある。4幅〜7幅の風呂敷は座布団や寝具一組を包んで収納用とし、また行商人の運搬包みとしても

用いられた。中幅の呼称は、小幅（34cm）と2幅（68cm）の中間寸法であることに由来する。大正時代から昭和初期にかけて、従来の着尺幅に対して洋反と呼んだ広幅織物の36吋ヤール幅が風呂敷地として利用され、これは2尺4寸幅（90cm）を意味して2.4幅と呼ばれた。第二次大戦後の昭和30年（1955）代には、広幅自動織機による継ぎ目のない丸3幅や4幅の風呂敷地も生産されるようになった。

近年結婚祝用金封包が大きくなり従来の45cm中幅では包みにくいため、50cm幅の小風呂敷が10年前から発売され、また2幅で包まれたドカ弁という大きな弁当箱がダイエット志向の影響で小さな弁当箱になって、3幅風呂敷四分の一にあたる50cm幅の綿風呂敷も販売されるが、いづれもこのサイズに関しては従来の中幅と区別して50cm幅と呼んでいる。

江戸時代から風呂敷の大きさを表す言葉に一反風呂敷と呼ぶ風呂敷がある。これは小幅1反を要尺として5幅〜6幅の風呂敷が作られることを意味し、半反風呂敷は4幅風呂敷の要尺を示す言葉となっている。2幅風呂敷は小幅1反で8枚、3幅風呂敷は3枚取りとなるが、余布の部分を損失することなく作るために疋物を使用すれば、1疋で3幅風呂敷7枚を作ることが出来る。風呂敷の採寸は生地幅（織耳から織耳迄の長さ）を基準として丈（経糸方向、生地裁断面から裁断面迄の長さ）が規定される。通常生地幅よりも丈寸法を幅の約3％程長く取ることに定めてあり、生地幅寸法よりも丈寸法が短い風呂敷は丈短（たけちん）といい、寸法規格不良品として難物扱いされる。こうした風呂敷業界の寸法規定は幅により生地の要尺を規定することになり、業界内での不当競争や生活者に対する誤認をさけることに寄与している。

昭和50年に調査した風呂敷の使用生地とその産地、つかわれる染料そして風呂敷のサイズ構成は（前頁表－3）の通りである。風呂敷は物を包むに際しバイヤス方向に力が加わるため、織物組織は経糸と緯糸の張力が安定する平織を選ぶことになる。江戸期から現在に至る風呂敷生産の中で、その90％は平織組織である。他の組織では絽・紗のからみ組織で織った夏季用風呂敷・山繭を使用した縫取の風呂敷・綸子地の懐中物を包む小袱紗（小風呂敷）などがある程度で、他の布帛製品と比べて平織組織が主流をしめるところに包みものとしての特徴が認められる。

風呂敷の寸法は、包まれる品物の重量や容積とこれに関連する運搬方法によって自ずと定まることになる。風呂敷による人力運搬の方法を荷重がかかる支点の身体部位に分類し、その運搬方法で使用する風呂敷の寸法を幅数で表記すると45頁の図のようになる。

風呂敷による運搬方法

頭上運搬は最も古い運搬形式で、古代にさかのぼるほど多く、時代が下がるほど少なくなる傾向がある。東南アジアやアフリカ諸国・中近東・南米各地では今も布帛包みによる頭上運搬が見られる。東南アジアの島々では神への供物を頭上にのせて運び、我国では洗米・酒・餅・など神供を運ぶ時は頭上に頂き捧げて献進することが行われた。地域的な呼称として頭上運搬のことをイタダキとかササゲと呼ぶが、頭上運搬の行為には息のかからない頭上に供物を位置づけて穢れをさけ、清浄なものを保つという信仰的意味が存在したと思われる。イスラム文化圏でのコーラン包みを頭上よりも高い棚上に置く習慣は、神供の頭上運搬の敬虔な心性と同じことなのであろう。

四天王寺蔵「扇面古写経」に女性が衣裳を包んで頭上運搬する姿が描かれ、江戸期絵草紙にも女人

山城高雄山麓婚姻の圖

3-1 『風俗画報』日本婚礼式中巻　石塚空翆画　明治29年1月25日増刊　東陽堂発行
京都高雄地方の嫁入は、布団を始め嫁の身の廻り品一式を風呂敷に包んで女性達が頭上運搬し、山路を嫁入した。先頭を行く女性が花嫁である。

の頭上運搬が見られる。明治には京都洛西高雄地方の嫁入は荷物を女性達が風呂敷に包んで頭上に乗せ、花嫁を先頭に行列を作って運ぶ姿が見られた。京都洛北に見る姿について「大原女は12貫（45kg）の薪束をいただいて10kmの京都へ通った」と『大原女（おはらめ）』岩田英彬著に書かれ、この他に京都では白川女の売花を入れた箕・畑の姥の梯子やクラカケを頭で運ぶ風俗が見られた。頭上運搬の習慣のある人達の身体的特徴は、年齢を重ねても背中が丸くならず背筋がピシッとして姿勢が良いのは世界共通である。頭上運搬は補助具として藁輪などを用い、米一俵（16貫～17貫）（60kg～63.8kg）程の荷重を持続して運ぶことが出来、両手が自由になる特徴がある。

　額支背負運搬は額に結び目を掛けて荷を背負う運搬方法であるが、この方法で風呂敷を使うことは『オイレンブルク日本遠征記』原著1864年刊の第四章、江戸街道の往来に「お得意先を回る行商人は木箱や梱を背負う。それらは白布で包まれており、布の先を額のところで縛っている。」と額で結び目を支え、背負運搬する行商人の風俗が存在したことが紹介されている。一般的にこの運搬法は負い縄をつけた編筐などで行われることが多かった。

　首力運搬は首を支点として胸前に荷物を抱えるように持つ運搬方法である。日露戦争から第2次世界大戦に至る戦争では多くの戦死者が英霊として遺骨箱に入れられ、2.4幅から3幅の白地布帛に包まれ、結び目は首背にあて遺骨箱を胸前に抱え故郷へ帰る遺族の姿が全国的に見うけられた。この運搬法は比較的軽い運搬物を箱などに入れ、風呂敷で包み、品物を水平状態で長時間運べる利点がある。運搬物の容積が大きな場合は歩きにくく、重い荷物は支点が首背にかかるため運搬する重量は限定される。

　肩力運搬は胸前に風呂敷の結び目を位置づけ、荷を背部全体にかかるようにして運ぶ**背負運搬**と、肩

上に担いで手は補助的に荷を支えて運ぶ**肩上運搬**（担ぎ運搬）に区別する。背負運搬には肩掛運搬・
＊❸-2　　　　　　　　　　　　　　　　　　　　　　　　　　　　　　　＊❸-3
両肩掛・振分け運搬があり、いづれも両手が自由になる。肩掛運搬は片方の肩に支点を置いて脇下に荷
を運ぶものと、荷を斜肩掛にして背負う方法があり、この２つの方法は**脇掛運搬**とも呼ばれている。両
肩掛運搬では荷重支点が背・肩・腕上博部・胸部に分散するため、重く大きな荷物の長時間の運搬に
＊❸-4
も適した方法である。**振分肩力運搬**は荷物を胸部と背部に分け二つの風呂敷を荷造りし、これを包結部
分や補助紐を使って連結し、肩に支点を置き運ぶ方法で、２枚の風呂敷包みを身体の前後に振分けてバ
ランスを取りながら歩く。片方の肩で運搬する場合と、両肩掛運搬で荷を背負い、この結び目を胸部
＊❸-5
の今一つの風呂敷の結び目に通すか、結び目の余り部分でお互いに連結するかして運搬する場合がある。
旅人・行商・飛脚人はこの運搬方法を多く使う。肩力運搬のなかでも荷重容積共に大きく一番多くの物
を運べるのは両肩振分運搬で、担ぎ屋さんといわれる運搬の玄人にかかると前後合わせて100kgぐらい
の荷物は楽に運んでしまう。

　肩上運搬では短い距離なれば重い荷物を担ぐことが出来るが、長時間の運搬には不適である。

　腕力運搬は**腕上運搬**（抱え運搬）と**垂下運搬**（手提運搬）に分け、共に片手使用の場合と両手使用
＊❸-6　　　　　　　　　　＊❸-7
の場合がある。贈答品を届けたり、日常の買物包みを持ち運ぶ際に最も良く利用される運搬方法である。
風呂敷を肩力運搬のように身体にくくりつけ荷を固定する方法ではないため、運搬途中で自由に移動す
ることが出来、抱えたり提げたり、両手使いや片手使いなど変化しながら持ち運びが出来るところに特
徴がある。あまり大きな容積や重い物、長距離運搬には不向きであり、軽くかさばらないものを気軽に
近距離運搬する時には便利である。結納の家紋付風呂敷は平包みでたたみ、左腕上運搬することになっ
ている。女性が風呂敷を持つ姿は片手腕上運搬が最も上品な持ち方とされたため、現在の成人式・お正
月年賀・盆礼・茶会などの時には、着物姿でのこの運搬方法が見うけられる。垂下運搬で風呂敷を持つ
場合は結び目を強く結び、結び目は手の平に添って大きい方が同重量でも軽く感じる。包む品物の長辺
が風呂敷対角線の三分の一になるような風呂敷を選ぶと包み具合が良く、このことは腕上運搬全般につ
いていえることである。

　腰力運搬は腰に巻きつけて前で結び品物を固定する方法と、腰紐や帯に小さな風呂敷包みを結び提
＊❸-8
げる方法がある。腰に巻きつけるには、あまり大きな荷では歩きにくく、主に懐中物・弁当・書類など
の包運搬に用いられ、現今のウエストポーチの機能と同様の効果が得られた。この腰力運搬に用いる風
呂敷は、運搬人の胴廻り寸法に30cm～40cmの長さを加えた対角線の長さが必要となり、容量の割りには
大きな風呂敷を用いることになる。昭和20年代まで遠距離の小学校へかよう農村の小学生が教科書や弁
当を包んで腰に巻き、手には棒切れなど持ち、鼻水を垂らしながら歩いていた風景にはなつかしさをお
ぼえる。腰紐に結びつけた風呂敷包みは縁日や夜店で見られ、ちょっとした小物を買い両手を自由にし
たい時にはこの腰力運搬が便利である。

　その他　風呂敷を身体部位を用いて直接運搬する方法は上述の通りであるが、金銭・書付・宝飾品な
どは小袱紗・袷せ袱紗と呼ばれる小風呂敷で包み、懐中に携帯して運搬された。いわゆる**懐中包み**と呼
ばれるものである。

　風呂敷包みを杖・天秤棒・サスと呼ぶ棒状のものに通して運搬することは**肩上運搬**（担ぎ運搬）の
＊❸-9
変化形態として鎌倉時代から普及し、交通路の発達により行商人による商品流通が活発になるにした
がって増加した。大きな唐櫃や長持は杖を通して二人で運び、釣台で品物を運搬する時は中身を覆う
＊❸-9

ため、風呂敷が覆いもの掛けものとしても用いられた。この運搬方法は内容物が傾いてはならないものを運ぶに適したものであった。籠や箱類は天秤棒の前後に紐で結びバランスを取って一人で運び、挟み箱は棒に通して飛脚が斜めに肩に担ぐというように多種多様な物品が棒を使って運ばれた。近世の風俗絵図に種々な運搬方法が描かれている。参考迄に風呂敷による運搬方法を掲載する。

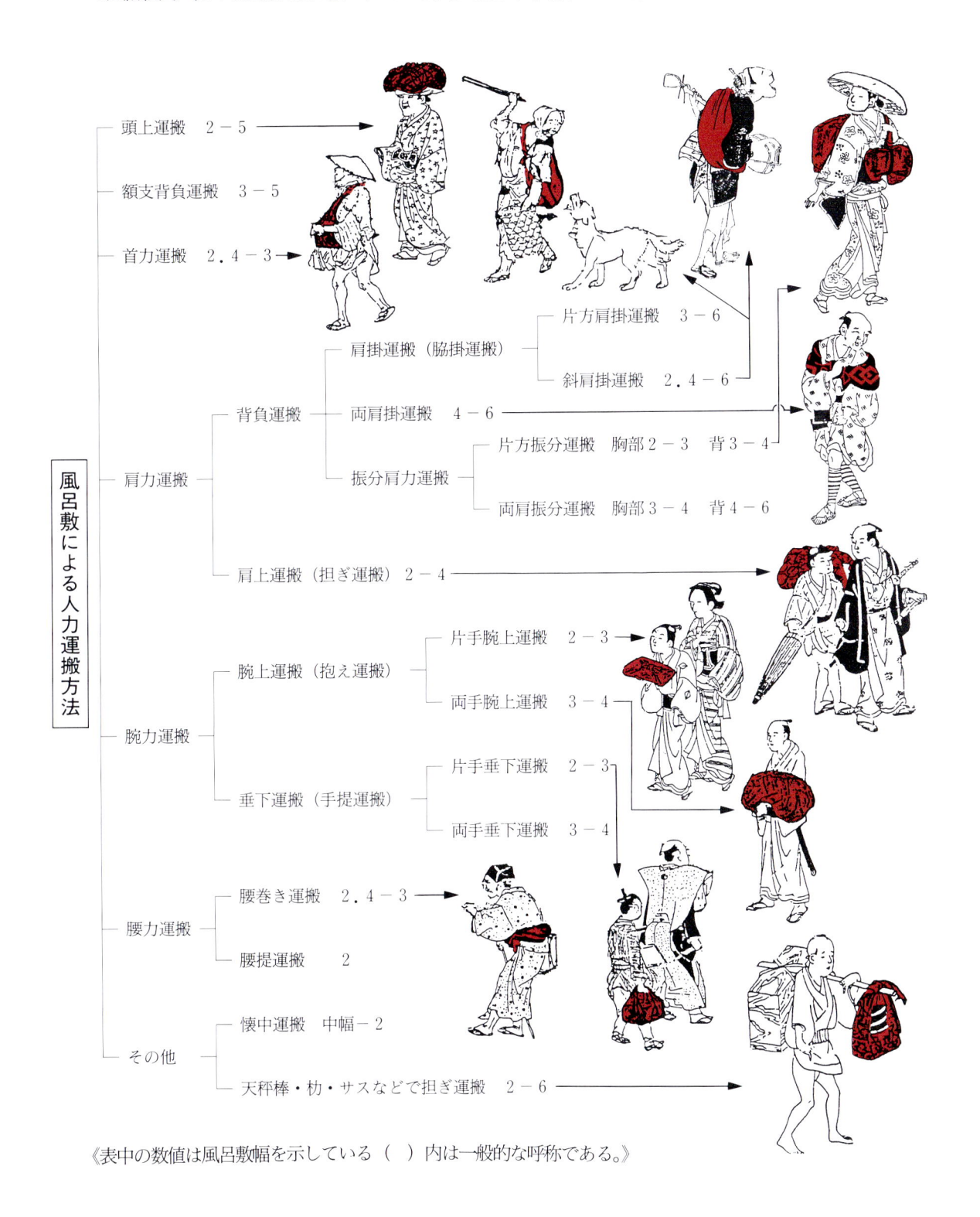

＊❸-10

風呂敷による人力運搬方法
- 肩力運搬
  - 頭上運搬　2－5
  - 額支背負運搬　3－5
  - 首力運搬　2.4－3
  - 背負運搬
    - 肩掛運搬（脇掛運搬）
      - 片方肩掛運搬　3－6
      - 斜肩掛運搬　2.4－6
    - 両肩掛運搬　4－6
    - 振分肩力運搬
      - 片方振分運搬　胸部2－3　背3－4
      - 両肩振分運搬　胸部3－4　背4－6
  - 肩上運搬（担ぎ運搬）　2－4
- 腕力運搬
  - 腕上運搬（抱え運搬）
    - 片手腕上運搬　2－3
    - 両手腕上運搬　3－4
  - 垂下運搬（手提運搬）
    - 片手垂下運搬　2－3
    - 両手垂下運搬　3－4
- 腰力運搬
  - 腰巻き運搬　2.4－3
  - 腰提運搬　2
- その他
  - 懐中運搬　中幅－2
  - 天秤棒・朸・サスなどで担ぎ運搬　2－6

《表中の数値は風呂敷幅を示している（　）内は一般的な呼称である。》

3－2

『繪本御伽品鏡』長谷川光信筆
享保十五年（1730）龍戌孟春刊
大福帳を売る店先を肩上運搬の
供をつれた家人が通る。大黒舞
がお囃を鳴らしながら各店を廻
る。歳末風景。

3－3

『四時交加』 山東京傳筆
寛政十年（1798）戌午春正月刊
犬に吠えられた紙屑ひろいが風
呂敷で斜肩掛運搬をしている。
櫛売りは背負箱を紐でかつぎ、
人足は稲荷神社の鳥居を画いた
挟み箱を肩上運搬し、相撲番付
売は風呂敷を両肩掛運搬する。
いづれも肩力運搬である。

3－4

『繪本紅葉橋』
勝川春潮筆
安永（1772－1780）頃刊
蔦屋の前を七夕の短冊売
が風呂敷を両肩掛運搬で
通る。

3−5
『繪本江戸紫』　石川豊信筆
明和二年（1765）刊
堀端を風呂敷を前後に紐掛けし、
片方振分運搬で行き交う。

3−6
『繪本常盤草』
西川祐信筆
享保十五年（1730）刊
お使い包みの風呂敷を、
片手腕上運搬する召使い。
左手風呂敷のたれ布は胸
元に位置し、作法通りに
風呂敷を持っている。

3−7
『絵本江戸紫』
石川豊信筆
明和二年（1765）刊
本屋の前を僧侶が鉢を入れた
風呂敷を買物包みにし、片手
垂下運搬で物乞して通る。
水甕、かまど、火消壺を置い
た町家の台所が見える。

47

3-8

『四時交加』　山東京傳筆
寛政十年（1798）戊午春正月刊
竹竿を肩に担いだ竹竿売りは腰巻き運搬で風呂敷を身に付ける。手前の絵草紙屋は両肩掛運搬で貸本を運ぶ。子供が重箱に柏餅を入れ、丸盆にのせ袱紗を掛けて運ぶがあわてたのかひっくり返してしまう。

3-9

『四時交加』　山東京傳筆
寛政十年（1798）戊午春正月刊
二人の人足が朸で釣台を担ぐ。「丸に蔦紋」を中央中付に染め出した大風呂敷を油単代りとして斜め掛けしている。対角線に添って斜めづけする紋付は風呂敷で、油単の紋位置は二つ折りの中心線を「わ」として両側2ケ所に定紋をつける。釣台には進物の酒肴一式が入れてある。

3-10

『四時交加』　山東京傳筆
寛永十年（1798）戊午春正月刊
正月の江戸風俗、千歳万歳の2人（両肩掛運搬）年賀挨拶に向かう町人と丁稚（片手垂下運搬）福寿草売、宝船売、行者、羽根付きの娘達、猿廻し（両肩掛運搬）、凧揚の子供、出替り女（両手腕上運搬）、鳥追、挟み箱を担ぐ供奴、運搬方法は業種、内容物によっていろいろに用いられる。

48

第4章
風呂敷のあるくらし

風呂敷のある生活を撮る

　1971年消費者保護の立場から風呂敷問屋では、風呂敷の品質管理規準を設定する必要にせまられた。JIS－L（日本工業規格－繊維）にも風呂敷の品質に関する基準値はなく、勤務先の宮井株式会社では、先づ自社商品の検査による品質確認と、消費者の使用状況を調査することになった。この調査方法の一つとして街角で風呂敷を用いて生活する人々の写真を撮り、これを参考にして生地強力や染色堅牢度などに関する風呂敷の性能範囲をさぐり、風呂敷の内容物の形態・容量・重量・風呂敷のサイズ・染織技法、そして運搬や包結の方法などを写真で理解し、慾をいえば風呂敷を使用する人達の年代・職業・性別・生活環境なども記録出来れば商品制作や品質改良面でも役立つものになると考えた。友人や写真店にも協力を要請して街角の風呂敷を撮ろうとしたが、このころ既に風呂敷は、紙袋やショッピングバックあるいは鞄に取って代わり、風呂敷による人力運搬は非常に少なくなって、被写体をさがす苦労ばかりが先行することになった。品質管理基準の設定は1972年に完了したが、風呂敷風俗を記録として残す必要を感じ、以後1982年迄、10年間に互り風呂敷のある生活を撮り続けた。

　風呂敷が人々に使われる当時の必要性は次のようなものである。

　◎人力運搬である。

　◎内包物の容積が往路と帰路で変化する。

　◎昔から風呂敷を扱いなれた人で、袋や鞄などは不便で気恥しいと思う心理的要因がある。

　◎内包物の出し入れが多く、総轄・収納をくり返す。（学者・教師・弁護士・裁判官・呉服屋・行商人）

　◎内包物が天地無用なものの運搬である。（和菓子・ケーキ・人形・寿司・婚礼折詰など）

　◎市販の鞄・袋物などに収納不可能な大きな品物や、変形物の運搬である。（飛脚便・寝具・古美術・行商人が運ぶ呉服・食品・薬など）

　◎慶弔時の儀礼習慣にもとづいて用いる。（金封包や進物品の運搬など）

　◎生活の布として常に携帯品的取扱いをする。（遊楽、旅行時の備品）

　ちなみに昭和51年(1976)刊の『繊維白書』によれば、「昭和50年度（1975）の風呂敷総生産高は1億枚で小売平均単価は400円、風呂敷小売市場は400億円」とあり、総生産数の6割がナイロン素材を中心とする婚礼引出物用の風呂敷で、約6000万枚と推定された。昭和50年の婚礼数は120万組で、この内、紙袋を使用する引出物が5割、風呂敷使用が5割の60万組と推定すると一組あたり約100枚の風呂敷が消費されたことになる。この時期、風呂敷といえばナイロンデシン浸染ぼかしをイメージする程までに販売されたのである。

　本章写真は、喜怒哀楽、人さまざまに展開される風呂敷の生活記録である。

風呂敷

1972－1982

凡　例

◎写真解説は撮影年月日・撮影場所・品名・寸法・運搬方法の順に記載してある。
◎撮影場所は1970年代の呼称で記載した。
◎品名は素材・防染剤・染料名・染織技法の順に明記したが一部省略した個所もある。
◎寸法に関しては生地幅のみを表示し業界呼称を（　）内に実寸をcmで表示してある。
◎写真解説は主として風呂敷に関する著者の諸感を述べ、あわせて風呂敷の内容物や使用方法も附記した。文中、合繊とあるのは化学合成繊維を示している。
◎写真は重複するところもあるが、街・駅・社寺・市・その他に区分し、それぞれ年代順に配列した。

```
撮影機材
  ライカIID    Lズマール          50mm/F2
  ライカIIIf   L赤エルマー        50mm/F3.5
               Lキャノン          35mm/F3.5
  ライカM3     ズミクロンM        50mm/F2
               テレエルマリートM  90mm/F2.8
  ハッセルブラッド 500C・A12
               T*プラナー         80mm/F2.8
  フイルム     トライX  ASA400
```

街

1972.3.11.／神戸市　阪急線三ノ宮駅前
天竺木綿茶無地直接染料浸染／（3幅）／100cm幅
自転車の荷台に乗らない荷物は、敷板で荷台を拡げその上に大きな荷物をのせ紐掛けして運搬する。この頃の天竺木綿の風呂敷は全て直接染料が使用されていた。

1972.4.29.／大阪府枚方市　枚方パーク動物園
ナイロンデシン板〆浸染／（2幅）／72cm幅／片手垂下運搬
家族づれで遊園地へ出かける。弁当を広げる時は地面に座り、包みものは敷きものとなる。

1972.5.5.／京都市左京区出雲路橋左岸　加茂川堤
ナイロンデシン紫無地浸染／（2.4幅）／90cm幅
端午の節供で植物園に持って行った弁当包みの風呂敷を帰りはマント代わりにして英雄気取りの子供。風呂敷は子供の遊び
道具としても使われた。

1972.5.7.／京都市東山区清水産寧坂
天竺木綿傘絞直接染料浸染／（３幅）／100cm幅／片手垂下運搬
風呂敷中央に30cm径の傘絞り、四隅にも小さな傘絞りを入れた普段風呂敷。呉服店の配りものとして多用された。

1972.7.23.／京都市左京区　南禅寺境内
綿ブロード糊防硫化浸染／（3幅）／105cm幅／片方肩掛運搬
ラジカセを荷物と一緒に風呂敷に包んで、音楽を聞きながら気楽な観光旅行。

1972.10.10./京都市五条大橋
綿ブロード糊防硫化浸染／(2.4幅)／90cm幅
五条大橋東詰の仕出し料理店「瓢由」の盤台を四つ重ねにした上に、調味料・箸袋などを包む風呂敷を置く。タイヤの空気圧を低くし、料理運搬専用荷台には敷板の上に布団を置き車の振動を和らげる工夫をほどこす。京阪電車は加茂川東岸を通り、五条大橋は交通渋滞の難所であった。

1972.10.29./京都市中京区三条麩屋町東入ル　弁慶石前
天竺木綿白地／（5幅）／175cm幅・綿ブロード糊防硫化浸染／（3幅）／105cm幅／両肩振分運搬
餅菓子・おこわ・おはぎなどを行商する。白地天竺木綿は常に洗濯され、清浄感を表している。餅箱を二段重ねにして垂平運搬するためには担ぎ方にも長年の熟練が必要となる。前に振分けた風呂敷と、荷重のバランスを取るため足運びはリズム感に充ちている。

1972.11.19.／京都市下京区四条大宮
合繊無地浸染／（2幅）／68cm幅／垂下運搬
ナイロンやポリエステルなどの素材は薄くてかさばらず、手提袋の中に入れておくと買物がふえた時には便利。右手には流行の国華風呂敷を持つ。

1972.12.3.／京都市東山区四条通祇園町南側　京都交通バス停
品名寸法不明／両手腕上運搬
　山陰方面から京都へ買い物に来ての帰途、バスを待つ間。ナイロンショッピングバック、紙袋、編物袋などいろいろ。風呂敷には衣料が包まれている。

1972.12.25.／京都市中京区四条河原町東北角
正絹東雲刷毛ぼかし／（2幅）／68cm幅／片手垂下運搬
色の柔らかさが出る刷毛ぼかし技法は、主として正絹素材に用いられ、季節を選ばず上品な雰囲気をかもし出すため、よそ行きの包みものとして多用された。

1972.12.25./京都市下京区烏丸七条下ル　丸物百貨店
天竺木綿無地直接染料浸染／（6幅）／200cm幅／片手垂下運搬
歳末大売出しの買物を入れた百貨店の紙袋と布団類を入れた風呂敷を両腕に通して運ぶ。門松の伐採防止が呼びかけられて、
門松がわりに獅子頭が飾りつけられた。森林資源の保全はこの頃から求められていた。

1973.3.11.／京都市伏見区大手筋通り
合繊交織後染浸染／（2幅）／70cm幅／両手腕上運搬
レーヨン60％・ナイロン38％・アセテート2％の交織で白生地を作り、直接染料と酸性染料の一浴で無地染めすると染着差が出て濃淡の縞が出来る。金茶・グリーン・鉄・紫・朱の五種類の色が平安風呂敷㈱で生産されていた。

1973.3.11.／京都市伏見区京阪中書島駅前通り
ナイロンデシン無地浸染／（2幅）／72cm幅／片手垂下運搬
洗面器・石鹸・手拭・下着などを包んで銭湯に行く。門先にかかる注染のれんは、八橋かきつばたのデザインに牛乳石鹸の
ＰＲもかねて掛けてある。

1973. 3. 11.／京都市伏見区深草墨染銀座通り
ナイロンクレープ紫無地浸染／（2幅）／70cm幅／片手垂下運搬
僧侶が軸箱・セカンドバック・風呂敷を持って道を横断する。彼岸前のお寺さんは行動スケジュールを立てて檀家へ対応する準備に忙しい。

1973.3.11.／京都市伏見区下鳥羽南浜町
ナイロンデシン浸染ぼかし／（2幅）／72cm幅／片手垂下運搬
たばこの自動販売機が出現する迄、たばこやさんは喫煙具・軍手・金封・散り紙・半紙・ハンカチ・仁丹・マジックインキ・歯ブラシ・カミソリ・マッチ・切手・ハガキなど今日のコンビニエンスストアのように、家庭の必要品はほぼなんでも売っていた。木綿縞や唐草の風呂敷を軒につりさげて売っていたのは1940年頃までと記憶している。

1973.3.21./京都市南区九条大宮北西角
天竺木綿白地／（5幅）／175cm幅／両肩振分運搬
八瀬の小原女が東寺弘法市で商いの帰り。餅箱が二枚空になり帰途は楽になるが疲れも出た。風呂敷の結び紐に紙袋の取手をくくりつけている。

1973.4.8.／京都市東山区四条川端角　南座
ナイロンデシン浸染ぼかし／（2幅）／72cm幅
室町呉服問屋が観劇会招待をする。弁当・おやつ・パンフレットなどを包んで招待客を待つ風呂敷。桜の季節でもあり気分も華やぐ。

1973.5.13.／京都市東山区　京阪線三条駅前
合繊無地浸染／（2.4幅）／90cm幅／片手垂下運搬
町内の子供達が比良山系へ飯盒水炊に出かけ楽しい一日を終わって帰ってくる。世話役の青年は鍋釜を風呂敷に包んで指に
さげるが、結び目が小さいため指が痛かろう。正面はナイトクラブ「ベラミ」で流行ったが今はない。

1973.5.13.／京都市中京区先斗町三条下ル　歌舞練場前
左手　綿ブロード糊防硫化浸染／（2.4幅）／90cm幅／片手垂下運搬
右手　合繊ローラ捺染／（2.4幅）／90cm幅／片手垂下運搬
小料理店のおかみさんが食品を買い込んで、鴨川をどり開演前の先斗町に帰ってくる。

1973.7.14./京都市下京区四条烏丸西南
綿ブロード蠟防茶地硫化浸染／（3幅）／105cm幅／片手垂下運搬
天竺木綿無地直接染料浸染／（3幅）／100cm幅／片手垂下運搬
祇園祭凾谷鉾の町衆が着替えの衣料や四手付の榊など、祭事に必要なものを包み寄合へ行く。三井銀行は1992年4月1日からさくら銀行となる。

1973.11.25／京都市上京区馬喰町　北野天満宮
合繊メリヤス地／寸法不明／片手垂下運搬
露店市で綿入の衣料を求め、そこに有り合わせの白いメリヤス地で包んだものと考えられる。メリヤス地は縮緬地と同様伸び縮みが品物にそって起こるので内容物の型に美しく添う。

1974.1.14.／京都市下京区四条東洞院東入
合繊友禅染／（2幅）／68cm幅／片手腕上運搬
金太郎の凧が陳列されたウインド前を書類包みをかかえた人が通る。日ざしも柔らかで松の内も明日で終わる。1月16日から賀正の凧は模様変えされる。

1974.1.14.／京都市下京区四条花遊小路西入
アセテート板場着色抜染／（2幅）／68cm幅／片手垂下運搬
娘さん二人がデコレーションケーキを包んで知人宅を訪問する。当時はお持帰りケーキ専用トムソン箱がまだ出回っておらず、天地無用のケーキは風呂敷で運ばれていた。

1974.1.14./京都市下京区四条堀川東北角
綿ブロード糊防硫化浸染／(2.4幅)／90cm幅／片手垂下運搬
呉服反物を包んで信号の変わるのを待つ。自転車荷台の風呂敷は反物、茶紙は箱入の帯と思われる。堀川も地下に埋められ、
染屋が反物を水洗いしたり上げ板を洗う風景も見られなくなった。

1974.3.3.／京都市左京区下鴨東本町　バス停
ナイロンデシン浸染ぼかし／（2幅）／72cm幅／片手垂下運搬
祭日で子供が出かけるのを見送る。主婦は買物もついでに済ませて帰るつもり。子供は上の結び目を持てば良いのに下の結び目を把むので包みが不安定になる。

1974.3.31.／京都市東山区五条東大路西入ル
天竺木綿糊防硫化浸染／（3幅）／100cm幅／片手腕上運搬
知人宅に祝事がある。お祝いを広蓋に載せ、掛袱紗で覆って、これを中包みの風呂敷に包み、さらに外包みの五三の桐紋風呂敷で包んで届ける。

1974.3.31.／京都市中京区二条烏丸上ル
合繊無地浸染・隅付抜染／（2幅）／68cm幅
長年市民に親しまれた市電烏丸線が明日から廃止となる。多くの人々の想い出を残して電車は走り去る。

1974.5.26./京都市東山区祇園町北側　円山公園
ナイロンデシン浸染ぼかし／（2幅）／72cm幅
円山公園で写真撮影会が催された。モデルを取り囲んで皆懸命に撮る。あつくなって背広を風呂敷につつみ、風呂敷の結び目はカメラケースに結び付けて撮り続ける。

1974.7.16./京都市中京区丸太町烏丸下ル
綿ブロード板場着色抜染／（2.4幅）／90cm幅／片方肩掛運搬
風呂敷地は利久色の無地に浸染する。染用の二枚の型を使用して、蒸燃処理によって抜染すると白抜きの文様の一部に他の色が染め付く。直接染料は洗濯すると色落ちするためこの時代より抜染風呂敷は漸時姿を消した。

1974.7.16.／京都市下京区室町四条下ル
品名寸法不明／片手垂下運搬
祇園祭には室町呉服問屋は休業する。地方からの観光客を招待する問屋もある。西陣の機屋は氏神が違うのでこの日も機を織る。観光のため来京した得意客が帯を求め、問屋は西陣から帯を取り寄せる。室町・新町通では山鉾が立ち並び、自動車は通行禁止になるため市バスで依頼の帯を室町問屋に届ける。

1974.7.17.／京都市中京区室町六角下ル鯉山町
綿ブロード無地浸染／（3幅）／105cm幅／片手垂下運搬
祇園祭山鉾巡行で鯉山が出て行く。うしろから娘さんが絵画か書か不明なれど新聞紙で包み、化合繊友禅2幅の風呂敷で覆いその裏面から3幅の風呂敷で包む。一方だけがぎりぎり結べたが、もう一方の結びは紐を継ぎたして結ぶ。篭の中にも風呂敷が見える。夏休みの宿題作品かもしれない。

1974.7.17.／京都市下京区四条烏丸東入
木綿唐草タンニン下塩基性ローラ捺染／（6幅）／200cm幅
山鉾巡行は何年ぶりかの雨、菊水鉾の祭具をリヤカーにのせ唐草で覆い、さらにビニールを掛けて運ぶ。

1974.7.17.／京都市中京区室町通り御池西入
ナイロンデシン浸染ぼかし・オフセット印刷／（2.4幅）／90cm幅
祇園山鉾巡行で鉾が御池通りを帰って来る。小雨が降り出した。持っていた風呂敷を肩掛けにして鞄のベルトで押さえる。

1974.12.1./京都市左京区北大路　洛北高校前
ナイロンデシン絞浸染／（2幅）／72cm幅／片手腕上運搬
祝事があって、きもの姿で親子が慶事の配り物の寿司や赤飯などを重箱に入れて親類縁者へ届ける。

1974.12.31.／京都市下京区四条高倉東入ル
ナイロンデシン友禅／（2幅）／72cm幅／片手垂下運搬
市バス停留所でバスを待つ人、菓子折らしき内容物を3段重ねに持っている。年賀客に出す生菓子は早くから買うと固くなるので大晦日に購入することが多かった。

1974.12.31./京都市下京区四条高倉　大丸百貨店前
正絹東雲シケ引染／（2幅）／68cm幅／両手垂下運搬
豪華な松飾りの陰で買物帰りの立話。シケ引染は筆を10本程一列に並べ木の柄で固定し、染料をつけて布面に斜経緯に塗ると柔らかいシケの格子が出来る。季を選ばず使える風呂敷である。

1975.1.2.／京都市伏見区深草稲荷御前町
合繊友禅染／（2幅）／68cm幅／両手垂下運搬
和服姿の老人が散歩がてらの初詣。ラクダのシャツ・衿巻き・黒足袋で防寒。懐かしい服装もだんだん見られなくなって来た。小花文様の風呂敷が春を呼ぶ。

1975.1.17./京都市上京区東堀川通下長者町下ル　京都堀川会館
ナイロンデシン浸染ぼかし／（2幅）／72cm幅／片手腕上運搬
結婚披露宴がお開きとなり、招待された娘達が引出物を包んだ風呂敷を持ってにぎやかに帰ってくる。昭和40年代から従来使われていた折包は、大量生産されるナイロンデシンの風呂敷と価格差がなくなり、陶器皿や毛布やシーツ類など大きな引出物を持ち帰るようになって、折包はしだいに使われなくなった。

1975.3.23.／京都市伏見区　桃山大手筋通り
品名不明／（2幅）／68cm幅
子供は風呂からあがるのが早く、母親は遅い。銭湯の入口には母親を待つ子供のために子供用の乗物が設けてある。これに乗せてもらえるので子供が嫌な湯に入ることになる。木綿プリント更紗の風呂敷には洗面器・着替えた下着・石鹸・タオルが入っている。

1975.4.12./京都市東山区祇園町北側　円山公園
綿ブロード糊防硫化浸染／（3幅）／105cm幅／片手腕上運搬
大学の卒業式でもあったのか、証書の入った紙筒・額入の賞状を持って仲間同志で円山公園に立ち寄る。桜も満開となりのどかな気分。明日から社会人として仲間とも離れ離れになる。健闘を祈りたい。

1975.8.24.／京都市伏見区深草稲荷御前町
合繊友禅染／（2幅）／68cm幅／片手垂下運搬
波に鶴の友禅模様の風呂敷はすでに土産物で一杯になっている。京土産は種類も多く、一箱づつ買ってもすぐにかさ高になる。さてどうしたものか？

1975.10.19./京都市伏見区薮ノ内町　伏見稲荷大社
レーヨン縮緬友禅染・藍木綿刺子／（2幅）／68cm幅／片手垂下運搬
刺子は本来布の補強を目的として刺したものであるが、刺手の美意識が発揮され、素朴で明解な模様が構成されるようになった。対角線上の二隅に集まる刺し糸は包結の際にも役立つ様少し残してある。人の指す将棋盤から眼を離せなくなって、風呂敷も一休み。

1975.11.3.／奈良市　猿沢ノ池
合繊友禅染／（2幅）／68cm幅／片手垂下運搬
お孫さんづれで奈良観光。お兄ちゃんは拳玉、弟君は木の守り刀を買ってもらった。おばあちゃんのブロード蠟纈染ショッピングバックもお土産で一杯になる。記念写真は良い想い出になるだろう。

1975.11.16.／京都市下京区四条烏丸西　産業会館前
スカーフ寸法不明
小雨が降り出した。池ノ坊華道展に出品するお華を濡らさないようスカーフで覆って走り出す。バス停で待つ男性は天竺木綿風呂敷を片方肩掛運搬、すでにビニールが紐掛けしてある。

1976.1.25.／京都市上京区　市電北野天満宮
綿ブロード糊防硫化浸染／（2,4幅）／90cm幅／片手垂下運搬
細長い市電の安全地帯に人があふれる初天神。前に電車、背後に車、乗り込むまでは気が気でない。昭和46年から大丸百貨店がクラフト紙を使ったショッピングバックの強度試験を繰り返し、買物客にサービスする様になったのは昭和48年頃からと記憶する。

1976.2.11.／京都市上京区社家長屋町
木綿唐草タンニン下塩基性ローラ捺染／（3幅）／100cm幅
京都西陣は帯の産地。急ぎの帯がやっと織上がり、それを唐草の風呂敷に包んで帯問屋に届けるのであろうか。

1976.2.11.／京都市上京区西陣京極
合繊友禅染／（2幅）／68cm幅／片手垂下運搬
スキーの回転技術を図解した珍しい柄の風呂敷。スポーツ店のＰＲ用風呂敷と思われる。ＴＶコマーシャルの料金が高い時代、風呂敷は安上がりでＰＲ効果が継続する広告媒体でもあった。

1976.2.22．／名神高速道路多賀ＩＣ
木綿唐草タンニン下塩基性ローラ捺染／（4幅）／135cm幅／両肩掛運搬
飛騨流葉スキー場へ行く途中で休息、暖かいコーヒーの成分表を確認する。この若者は昨夜会社で宿直当番に当たって家に帰れず、スキー用具をありあわせの唐草に包んで会社から出発。週休2日制などなかった時代、仲間の行くレジャー活動にはそうとう無理をしても参加したものである。

1976.5.5.／京都市伏見区深草極楽町
綿ブロード蠟防硫化浸染・直接染料かえし浸染／（3幅）／105cm幅／両肩掛運搬
アセテート水玉柄の布袋・人造皮革のショッピングバック・紙袋・風呂敷いろいろな運搬用具がふえてきた。大きな風呂敷が一枚あれば良いものを。「おばちゃん、通り路やさかい荷物を家にはこんどこか」「運んでもらうほど大層なもんやないがな、おおきに」。

1976.5.16./京都市伏見区深草野田町
品名不明／（2幅）／68cm幅／片手垂下運搬
洗面器に湯具類を入れ銭湯へ行く。このころから銭湯では入浴客の湯具を預かる様になり、手ぶらで銭湯へ通う人が増えた。

1976.5.15.／京都市中京区烏丸通り御池南東角　バス停
レーヨン縮緬友禅染／（2幅）／68cm幅／片手腕上運搬
矢絣お召しに塩瀬染帯、鹿の子文様の手提筥。姉様人形の友禅風呂敷。お茶事にでも行くのか、京都の娘さん。

1976. 12. 19.／京都市東山区三条神宮道角
綿キャラコ地／寸法不明
布団の打直しが出来上がった。速く届けないと風邪を引かれても困る。木枯らしが吹く街角を自家製の風呂敷が走る、あと
10日もたてば今度はおそばやさんの出番となる。布団につかう白地キャラコで作った風呂敷は汚れ目が良く見えて商品を汚
さず清潔感もあるので布団屋さんの風呂敷として良く使われた。

1976.12.21.／京都市南区九条町　東寺前バス停
綿ブロード蠟防硫化浸染／（3幅）／105cm幅／両手腕上運搬
骨董好きな老人が軸箱を包んでバス待つ間。今日は終弘法、お正月用の掛軸を買ったのか、ベレー帽には蜷川知事の民主府政を進める会・オレンジマークのバッチがついている。

1976.12.30./京都市伏見区深草稲荷御前町
天竺木綿筒描直接染料引染／（3幅）／100cm幅
稲荷参道には料理店や飲食店が軒をつらねる。おばあさんが手押車で、得意先へ皿・小鉢・塗椀など食器類を引取りに行く。
屋号を染め出した紺地白抜きの風呂敷が盤台の中に修まっている。猫の手も借りたい年末風景。

1977.1.9.／大阪市天王寺区花臼山町　天王寺公園
合繊無地浸染／（2幅）／68cm幅／片手腕上運搬
晴着を召した娘達が通る。風呂敷には何を入れているのだろう。木綿バニラン蠟纈手提バックも和服に良く合っている。

1977.1.23.／京都市伏見区西柳町
合繊友禅染／（2幅）／68cm幅／片手垂下運搬
家族お揃いでどこへ行くのか、寿文字散しの友禅風呂敷と子供の真新しいセーターがお正月の名残りをとどめている。正月には新しい衣料を子供に着せたものである。

1977.2.25.／京都市上京区河原町今出川上ル青竜町
天竺木綿白地／（5幅）／175cm幅／両肩掛運搬
八瀬の小原女が餅菓子を持って行商へ出かける。餅は見た目よりも重量がかかるので結び目を握る手に力が入る。手っ甲、脚絆に紺絣の服装は姉さんかぶりの手拭いに映て美しい。小原女の持つ風呂敷は昔から白木綿に定まっている。他の色の風呂敷を持ったのを見たことがない。

1977.7.15.／京都市中京区室町四条上ル
木綿格子先染織物／（3.5尺幅）／120cm幅
祇園祭で山鉾が立ち並び自動車は室町通りへ入れない。袱紗卸問屋、織匠さんの前なので吉野格子に包まれるのは紋付の広蓋なのだろう。店内には種々な掛袱紗が見られる。

1977.7.15.／京都市中京区室町四条上ル　室町会館
天竺木綿無地直接染料浸染／（5幅）／175cm幅
繊維問屋が数軒寄合う室町会館の昼下がり、今日は祇園祭で周辺の問屋は休業となるため商売にはならない。ゆっくりと世間話や景気動向を話し合う。この木造の会館も古くから有ったが、1992年に駐車場に生まれ変わった。

1977.9.4./京都市伏見区深草野田町
ナイロンデシン浸染ぼかし／（2幅）／72cm幅／片手垂下運搬
銭湯からお婆ちゃんにつれられて女の子が帰って来た。女の子はお友達が遊んでいるので遊びたいが、せっかく風呂で洗ったのにまた汚れるのでお婆ちゃんは家へ帰れという。女の子は拗ねてしまった。湯具を入れた風呂敷は二人の対話を聞いている。

1981.5.16./宮城県仙台市　国鉄仙台駅前
天竺木綿無地直接染料浸染／（6幅）／200cm幅／両肩掛運搬
行商人は荷物を解いたり包んだり、回数が多くなるとつい荷姿がくずれて来る。バス待つ間、得意先の順路を確認する。

駅

1972.3.7.／京都市下京区　国鉄京都駅構内
木綿格子ドビー織先染織物／（5幅）／178cm幅／片手垂下運搬
ウレタンホームのマットレスを三つ折りにし藍・白・茶の先染格子に包み、左手には綿更紗夜具地再製利用の風呂敷でボール箱を包む。紙袋の内にも風呂敷が見られる。赤帽（構内運搬人）も心配そう。

1972.5.1.／京都市下京区　京都駅八条口
天竺木綿藍無地浸染／（6幅）／200cm幅
荒むしろに包まれた生花が京都駅についた。迎えの車を待つ間、乾燥を嫌う花は綿風呂敷につつんで湿度を保つ。

1972.6.5./京都市下京区　国鉄京都駅
ナイロンデシン友禅染／（2幅）／72cm幅／片手垂下運搬
小学生男子は母親の持たせてくれた風呂敷包みを、女生徒は流行感覚の紙袋を持つことが多くなった。手前の子供は右手に拳玉、左手に大阪万国博覧会記念風呂敷を持っている。

1972.6.5.／京都市下京区　国鉄京都駅
木綿経縞先染織物（ペット用布）／（7幅）／233cm幅／両肩振分運搬
毎日50kg前後の荷を担ぐ飛脚さんの風呂敷は、市販のものでは弱く、より丈夫な生地で自家製のものを用いる。荷をおろす時には包みを汚さぬため敷板を使っている。
＊ペット用の布は経・緯糸共に綿糸16番単糸を用い、経糸は2本引揃えに吋間106本、緯糸は吋間45本の密度で白地に藍の経縞をナナコ織にしてある。生地幅は102・135・145cm幅の3種があり、1950年代からの最も一般的なペット布として多量生産された。

1972.6.15.／京都市下京区　国鉄京都駅
天竺木綿茶無地直接染料浸染／（3幅・6幅）／100cm幅・200cm幅／両肩振分運搬
室町呉服問屋筋で親しまれた飛脚さんは風呂敷運搬の専門業者。荷物をおろした時の配慮を考えて荷底に新聞紙をはさんで運ぶ。宅急便の無かった時代、急用の時、その日の内に着荷する飛脚便は便利この上もなく伝票・伝言・集金回収、時には子供まで預かって用を足してくれた。主として東海道・山陰線方面で約100km程の範囲で行動していた。

1972.9.24.／京都市東山区　京阪線三条駅
ナイロンデシン浸染ぼかし・オフセット印刷／（2幅）／72cm幅／片手垂下運搬
人造皮革の鞄・風呂敷・紙袋・布バックが混在していた時代。コインロッカーがターミナルに出来て、手荷物はロッカーへ預けて手ブラで観光が出来るようになる。

1972.10.1.／京都市東山区　京阪線三条駅構内
品名寸法不明／片手垂下運搬
紙袋が出回ってこれに品物を入れることが増えた。しかしながら、一般に紙は布より弱いという概念がぬぐい切れず、紙袋の上から風呂敷で包んで運ぶ人が多かった。

1972.11.6.／東京都台東区　国鉄上野駅
綿ブロード糊防硫化浸染／（3幅）／105cm幅／両肩掛運搬
東京都内で一番多く風呂敷が見られたのは国鉄上野駅と両国駅であっただろう。上京する人、帰省する人、風呂敷を背負う姿が多く見られる。風呂敷の隅が結べない時は紐を継ぎたして結ぶ。

1972.11.6.／東京都台東区　国鉄上野駅
天竺木綿紺無地直接染料浸染／（5幅）／175cm幅／背負篭による両肩掛運搬
行商のおばさんは背負篭を風呂敷で包み、背中に結び目が来るようにして、背負篭につけられた担紐を風呂敷の外へ出して担ぐ。篭の底が荷重でふくれないよう風呂敷の上から紐で固定する。雨に備えて洋傘を差している。

1973.2.10.／京都市左京区　京福線出町柳駅
ナイロンクレープ友禅染／（2幅）／68cm幅／片手垂下運搬
節分に出町商店街で食品を買込んで鞍馬行の電車に乗る。15分後に発車する車輌に今だ人影はない。

1973.2.10.／京都市左京区　京福線出町柳駅
木綿ジャガード織先染織物／不明／斜肩掛運搬
この包みは木綿の紋織物を再製して作られている。定期券を手にしているところから、この婦人は毎日行商か何かで町なかへやって来るものと思われる。活動的な経緯絣のモンペ姿が懐かしい。

1973.11.14./埼玉県草加市　東武伊勢崎線谷塚駅
天竺木綿無地直接染料浸染／（6幅）／200cm幅／両肩掛運搬
木綿経縞先染織物／（6幅）／204cm幅
行商をするおばちゃん達が話をするには、荷幅が大きいため円陣をつくることになる。風呂敷の中には、米・小豆・野菜・卵あるいは果物などが入っていると思われる。品物はダンボールの箱に入れ、荷姿をととのえて、紐で固定している。荷の底は腰部に、上は背首にまで達し、重量は肩と上腕部に力点を置き背中全体にかかるよう背負う。いづれを見ても風呂敷を扱う玄人である。

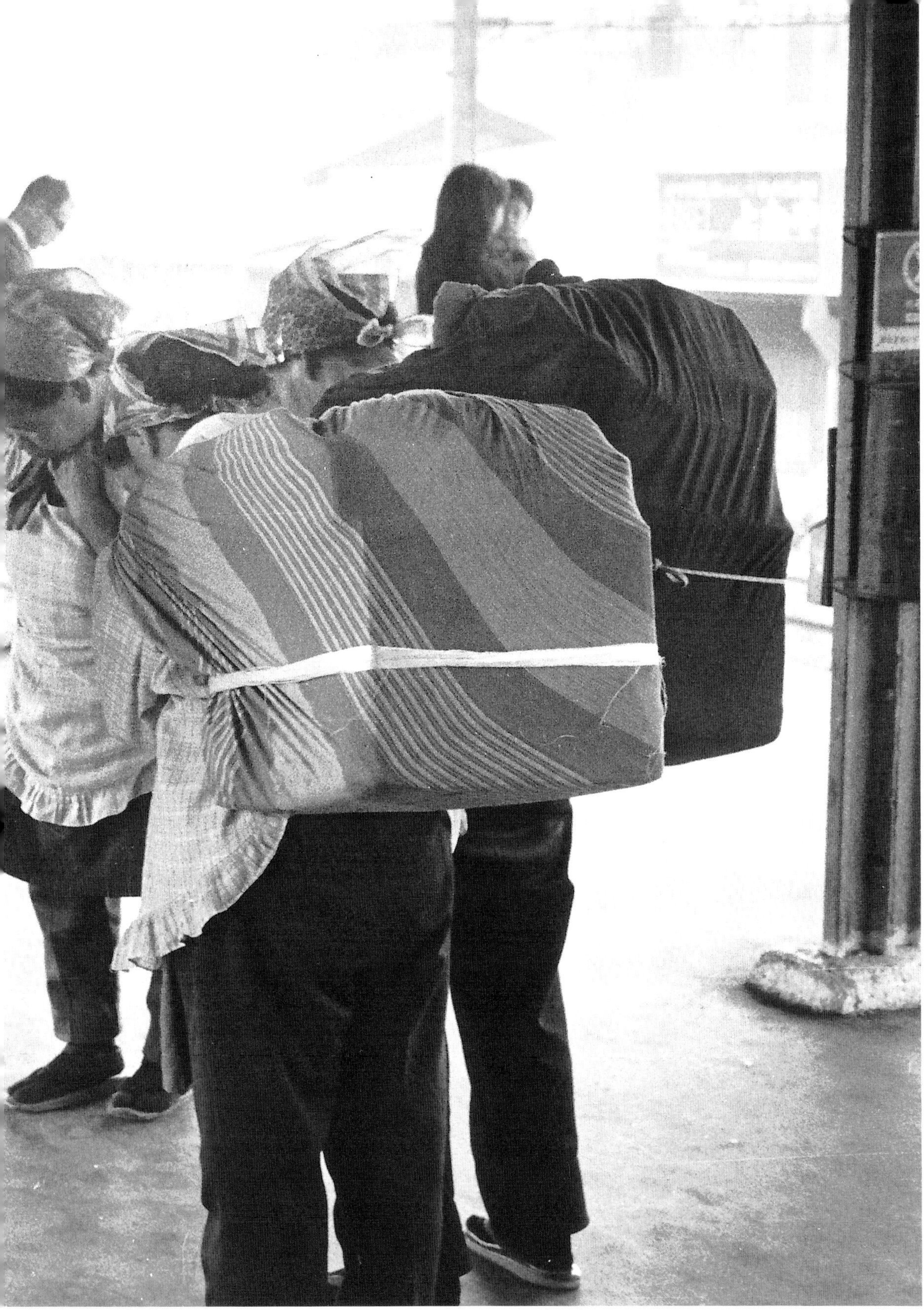

1973.11.25. ／京都市四条河原町　市バス内
ナイロンデシン浸染ぼかし／（2幅）／72cm幅
結婚披露宴も目出度くお開きとなり、方向の同じもの同志が市バスで帰途につく。記念の引出物、折詰や生花などを包む。

1973.12.2.／京都市左京区　京福線出町柳駅
綿ブロード蠟防硫化浸染／（3幅）／106cm幅／二人で片手垂下運搬
風呂敷の中味は容積の割りに軽く、茶紙に紐掛けしたこたつ布団か毛布の類と思われる。祖母が包みを持ち、母親が子供の手を引く。容積が大きく祖母は歩き難いため母親が手を添えて運ぶ。

1973.12.5.／京都市下京区　国鉄京都駅構内
天竺木綿茶無地直接染料浸染／（5幅）／175cm幅／斜肩掛運搬
肩掛にするものは、両肩掛けに比べて比較的重量の軽いものを運搬する時によく用いる。内容物は衣類と思われる。娘さんの持つ紙袋は年配の人には懐かしい丸物百貨店のもので、1977年9月からは京都近鉄百貨店となった。

1974.1.6.／京都市北区　京福線北野駅
ナイロンデシン浸染ぼかし・オフセット印刷／（2幅）／72cm幅／片手垂下運搬
お孫さんをつれたおばあちゃんの風呂敷はオフセット印刷の模様が入っている。お正月に子供がきものを着せてもらう風俗は漸時少なくなった。

1974.5.5.／京都市伏見区　京阪線藤森駅
木綿刷型顔料捺染／（2幅）／73cm幅
爽やかな日より、オジチャンはベンチで一眠り。白地に赤の顔料で寿文字と折り鶴を型刷りした折包を枕代わりにする。

1975.3.25./京都府宮津市　国鉄天ノ橋立駅
綿ブロード糊防硫化浸染／（2.4幅）／90cm幅／垂下運搬
ナイロンデシン無地浸染／（2.4幅）／90cm幅
文殊菩薩の知恵の輪がある天ノ橋立駅。婚礼披露宴に招かれ、家電製品の引出物をナイロンデシン無地の風呂敷に包んで贈られたが、同じものを皆がもらうため自分の荷物がどれか分からなくなる。手を添えた風呂敷には来る時に着ていた衣服が入っているのだろう。ホテルで着付けをしてもらった黒留袖をそのまま着て帰る。

1975.11.23./京都市下京区　国鉄京都駅山陰線ホーム
木綿経縞先染織物／（3幅）／120cm幅／片手垂下運搬
発車のベルが鳴り出した。風呂敷から布袋へ運搬具は代わりつつあるが素材は同じ。縞風呂敷の美意識はそのまま布袋に移行されている。

1976.12.30.／京都市下京区　国鉄京都駅
天竺木綿無地直接染料浸染／（4幅）／135cm幅／肩上運搬
新春大売出し用の呉服類を卸問屋の店員さんが得意先へ届ける。初荷では間に合わないのだろう。納品をして暮れの挨拶を
すませば、あとは正月休みとなる。当時はどの店も良く働いたものである。

1977.9.15.／京都市伏見区　国鉄稲荷駅
綿ブロード糊防硫化浸染／（3幅）／105cm幅
天竺木綿無地直接染料浸染／（6幅）／200cm幅
今日は勤労感謝の日。奈良行きの電車が来る迄のひと眠り。

1977. 9. 27.／山梨県甲府市　国鉄甲府駅
天竺木綿茶無地直接染料浸染／（6幅）／200cm幅／片方肩掛運搬
天地無用の家電製品は風呂敷が便利。宅急便は始まったばかりで大方の家庭用品はまだまだ人力運搬に頼ることが多かった。

1977.9.28.／東京都墨田区　国鉄両国駅
天竺木綿無地直接染料浸染／（6幅）／200cm幅／背負篭による両肩掛運搬
6：50AM、総武線千葉方面から担ぎ屋さん達を乗せた専用列車が入って来る。列車のドアが開くとホームは風呂敷の海となる。いずれも背負篭の紐を肩掛けにして荷物全体を風呂敷で包んでいる。

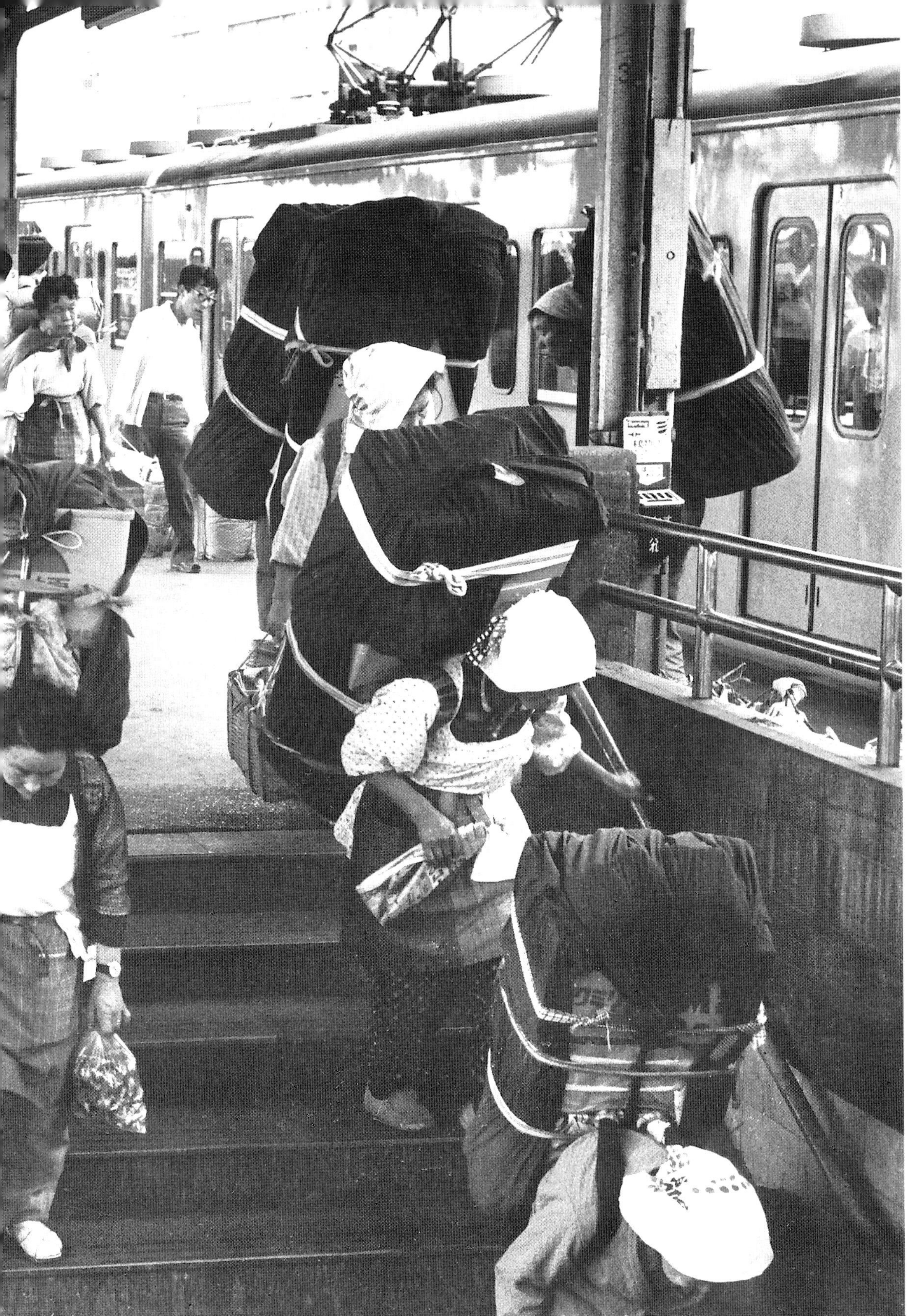

1978.5.9.／京都市中京区　国鉄二条駅
天竺木綿無地直接染料浸染／（6幅）／200cm幅
山陰線日本海方面から塩鯖，鰯丸干，干し鰈，鯵のひらき，ちくわ，かまぼこ，冬期には松葉がになどをおばちゃん達が運んで来る。大抵は木箱に入れ生魚はブリキ缶に入れ、風呂敷に包んで運ぶ。得意先を売り歩いて3時、駅の横で弁当をつかう。あとは列車に乗って帰るだけ荷も心も軽い。二条駅は1897年の建築で現在最古級の駅舎。

1978.5.13.／東京都墨田区　国鉄両国駅
天竺木綿無地直接染料浸染／（6幅）／200cm幅／背負篭による両肩掛運搬
良くこれだけ持てるものと思う。重量は50kgを越えるだろう。風呂敷の結び目は背中にあって、品物を人の目からさえぎる役割をはたしている。背負篭には野菜類、中段には鶏卵、上段部には米穀類と重いものは上に乗せる。関東大震災で房総方面から東京へ物資を運んだのが始まりで今も継続されている。

1978.5.13.／東京都墨田区　国鉄両国駅
天竺木綿無地直接染料浸染／（6幅）／200cm幅／両肩掛運搬
早朝6：10AM、総武線千葉方面ホームに人影はない。大きな箱を包んで両肩掛にする。容積の割に重量は少ないのか風呂敷のシワもゆるやかである。嵩高い荷であるため人の少ない早朝の列車を選んだのであろう。

1978.5.13.／東京都墨田区　国鉄両国駅
天竺木綿無地直接染料浸染／（6幅）／200cm幅／背負篭による両肩掛運搬
　天竺木綿の風呂敷は通常無地染してもいるが、誂注文によって文字や屋号を抜染して用いることもある。昭和30年代の市町村合併記念、農協設立○○記念、製造卸問屋のPRをかねた配り物の風呂敷に多用された。製材製函メーカーが配った6幅風呂敷は担ぎ屋さんによって歩く広告としての効果を上げている。荷姿が朝日に美しい。

1978.11.21.／京都市下京区　国鉄京都駅
天竺木綿無地直接染料浸染／（6幅）／200cm幅／両肩掛運搬
打直しの布団綿を持ち帰る。前に置く風呂敷は夜具地に使う綿更紗の風呂敷利用である。ゴミ入れの高さが休むに都合良い。

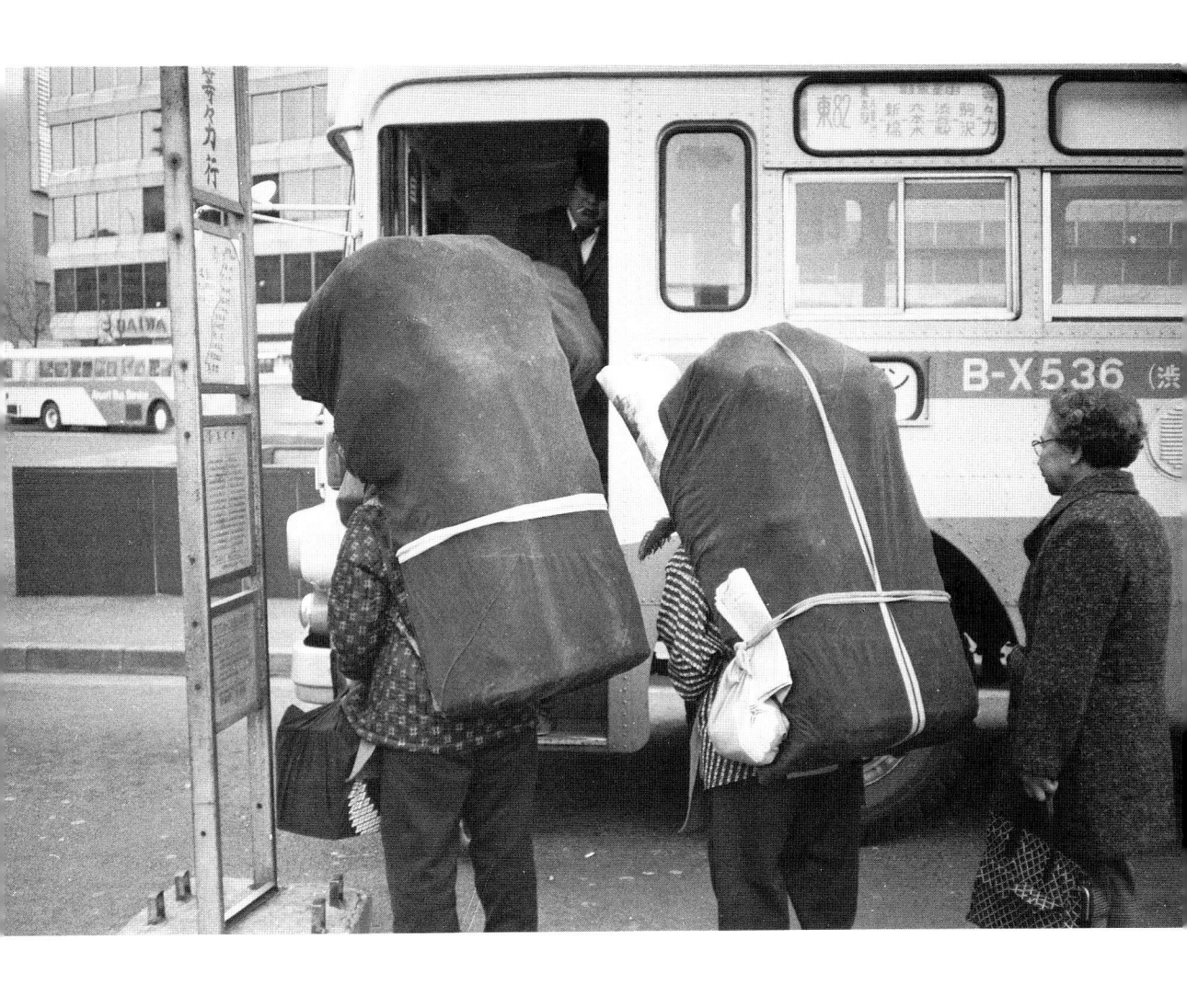

1979.1.17.／東京都中央区　国鉄東京駅八重州口
天竺木綿無地直接染料浸染／（6幅）／200cm幅／背負篭の両肩掛運搬
行商の品を背負篭に入れ風呂敷でその上から包んでいる。肩には背負篭の紐で背負う。バスの乗口にようやく入る大きさである。風呂敷包みの上からかけた紐にはおばあちゃんの弁当を包む折包が結びつけてある。

1979.1.21./三重県上野市　国鉄関西本線伊賀上野行車内
天竺木綿無地直接染料浸染／（5幅）／175cm幅
布団綿であろう大きな荷物。この結び方では垂下運搬になる。肩に背負うには風呂敷の結び部分が短かすぎる。いくら軽い
ものでも、ホームに降りてからはどうして運ぶ？

1979.1.20./三重県上野市　国鉄伊賀上野駅
綿ブロード蠟防硫化浸染／（2.4幅）／90cm幅／片手垂下運搬
お父さんと一緒におばあちゃんを送る。駅の売店で祖母は孫のために菓子を購う。こうした風景は日本のいたるところで見られたものである。

1981.2.22.／福井県　国鉄小浜線三方駅
合繊無地浸染／（2.4幅）／90cm幅
　4幅（125cm）に包む大きさの荷物を、2.4幅（90cm）に紐継ぎたして、客が乗り込んで来た。合繊は結び目が滑りやすく紐が解けないかと心配顔の先客。

1981.5.16.／宮城県仙台市　国鉄仙台駅前
天竺木綿無地直接染料浸染／（6幅）／200cm幅／背負帯による両肩掛運搬
十字屋前での朝市を8時〜9時迄に終えて、残った商い物はバスで各得意先へと行商に出かける。背負い籠の上と、背負帯で担ぐボール箱の上にそれぞれ風呂敷を乗せている。初めに荷物全体を包んでいた風呂敷は折りたたまれて背負帯にはさんである。

1981.5.16.／宮城県仙台市　国鉄仙台駅前
天竺木綿無地直接染料浸染／（6幅）／200cm幅／両肩振分運搬
綿ブロード糊防硫化浸染／（3幅）／105cm幅
十字屋百貨店露地に朝市が立つ。朝市で売れ残ったものをまとめて市外周辺に行商へ出かける。背負った風呂敷の中にも品物を区分した風呂敷が収納してある。

1982.3.13.／京都市下京区　国鉄京都駅
ナイロンデシン浸染ぼかし／（3幅）／107cm幅／片手垂下運搬
荷物の底面積が一番小さな部分を下にして結んである。歩き易く賢い包み方である。春とはいえ外はまだ寒い。

社寺

1972.8.21.／京都市南区九条町　東寺（教王護国寺）
木綿経縞先染織物／（3幅）／106cm幅／両肩掛運搬
みかん箱ほどの箱を包んで紐かけして運ぶ。背後に白く見える個所は片布（へんぷ）と呼んで、金巾を固く糊付けした三角形（約9cmの二等辺三角形）の布で、木綿縞や唐草の風呂敷には皆つけたものである。所有者の名前を入れて用いる。風呂敷を上腕部全体に力点がかかるように扱うことができるのは、よほど扱い慣れた人なのであろう。

1972.8.21.／京都市南区九条町　東寺
天竺木綿無地直接染料浸染／（6幅・4幅）／200cm幅・135cm幅
市民に親しまれる東寺弘法市も18時頃には店仕舞いにかかる。オートバイの荷台に商売物を積重ねる時は、下の包みの結び目を横に向けて置くと、上になる包みの荷重によって結び目が内容物を凹まさない工夫をしている。

1972.12.31./京都市東山区祇園町北側　八坂神社
木綿経縞先染織物／（5幅）／175cm幅／斜肩掛運搬／（男性　片手腕上運搬）
大晦日、京都市民は八坂神社におけら火をもらいに行く。おけら火を移す火縄売りのおばさんが風呂敷一杯に火縄を包んで売り歩く。側の男性は料理店に依頼してあったおせち料理とにらみ鯛をナイロンデシン浸染ぼかし（2幅）の風呂敷に包んで帰途八坂神社へ立寄る。知恩院の除夜の鐘が間もなく鳴り始める。

1974.1.25./京都市上京区馬喰町　北野天満宮
ナイロンデシン浸染ぼかし／（２幅）／72cm幅／片手腕上運搬
天満宮の回廊に、孫と並んで隣近所のやんちゃな子供の名が並んでいる。今年も元気でいてほしい。

1973.2.25./京都市上京区馬喰町　北野天満宮
綿ブロード蠟防硫化浸染／（3幅）／105cm幅・ナイロンデシン浸染ぼかし／（2.4幅）／90cm幅
合繊友禅染／（2幅）／67cm幅
梅花祭の野立てが終わった。大切な茶道具を尼僧が片づける。境内の梅花も咲いて春いまだ寒いとはいえ、のどかな気分である。

1973.3.21./京都市南区九条町　東寺
品名寸法多数／片手垂下運搬
茶釜・鉄鍋・飯鍋・銅釜・銅壺・ちろりなどを中心に商をする古物商。店主の姿はどこへ行ったのか見えない。茣蓙の上の二つの風呂敷が運んで来たままの状態になっている。外人男性は風呂敷を女性は編籠をもって何につかう道具なのか興味をもって眺めている。奥の棚には道具を包んで来た風呂敷が陳列のための敷物として使われているが、まだ商物は並べられていない。主はどこへいったのだろう。

1973.4.14.／京都市下京区　東本願寺
合繊抜染／（2幅）／68cm幅／片手垂下運搬
親鸞聖人生誕八百年記念法要が行われ、本堂には巨大な正絹縮緬紫地引染牡丹紋入の紋付幕がかけられた。全国各地から参拝者も多く門前は観光バスで満杯になる。紫地寿散らしの風呂敷には何が包まれるのか。

1974.1.15./京都市左京区西天王町　平安神宮
ビニールグラビア印刷／不明／片手垂下運搬
成人式のケーキか何かをお祝いにもらって仲間同志で平安神宮に参拝する。包装紙代わりに店名や商標をビニールに印刷した風呂敷をサービスするところが増えた。（ユーハイム洋菓子店のサービス風呂敷）

1974. 1. 15. ／京都市東山区祇園町北側　八坂神社
ナイロンデシン板場抜染／（2幅）／72cm幅／紙袋取手による片手垂下運搬
今日は成人式。家族で休日の一時。紙袋に酒・食品を入れその上から風呂敷で包み紙袋の中味を覆う。妻君が持つ布製袋は取っ手を袋内に入れ込んで下の布紐を引っ張るとその部分が手提げとなり布袋は半分の大きさになる。裏面はビニールコーティングがほどこされている。当時良く売れた布袋の一つ。

1974.1.15.／京都市左京区岡崎西天王町　平安神宮
正絹東雲友禅染／（2幅）／68cm幅／片手垂下運搬
ウール紺無地の着物姿の若者が持つ風呂敷は松竹梅模様、なかには成人式を祝うアルバムが入っているのだろう。中年のご主人は梅花模様の包みもので、いづれも季節に合わせた柄選びがなされている。参拝者はおみくじを引いて、今年の歳占いを話題に帰って行く。

1974.1.25.／京都市上京区観音寺門前町
合繊友禅染／（2幅）／68cm幅／片手垂下運搬
初天神で観音寺も賑わう。お参りを済ませた風呂敷と盆栽を入れたビニール袋が行き交う。

1974.1.25. ／京都市上京区馬喰町　北野天満宮
天竺木綿無地直接染料浸染／（3幅）／100cm幅／肩上運搬
天神さんは書道の神でもあるところから、正月2日の書初め作品が初天神の25日に展覧される。孫の作品をさがしに訪れる老夫婦も多い。若い時から風呂敷による肩力運搬が習慣になっていて平包みで小脇にかかえられるものまで肩に担いでしまうのだろう。

1974.2.3.／京都市中京区四条坊城南角　元祇園梛／宮神社
天竺木綿紺無地直接染料浸染／（3幅）／100cm幅／両手垂下運搬
いろいろな神社の古いお札を節分に取りまとめ、お宮に返しに来る。集まった古いお札や福笹・縁起物のたぐいはこの日に燃やしてしまう。

1974.2.11.／京都市伏見区深草藪ノ内町　伏見稲荷大社
ナイロンデシン浸染ぼかし／（2.4幅）／90cm幅
出産・交通安全・商売繁昌・いろいろな祈願を込めてお守りがそろえてある。交通安全のお札は車体用と肌身用に分けてあるところが面白い。親類縁者のお札も買って風呂敷に包む。

1974.2.11./京都市伏見区深草薮ノ内町　伏見稲荷大社
正絹紫緞子地掛袱紗／不明
本殿親神様のミタマ分けされた神璽（ご神体）は錦の袋に入り正一位稲荷大神璽と墨書された桐箱に入っている。これを三宝にのせ人目にふれるのを嫌って大きな袱紗で覆う。巫女がお神楽を奉納すると、新築開店・支店開業・新居転入などする人々がこれをいただき新しい神棚に祀る。

1974.2.11.／京都市伏見区深草薮ノ内町　伏見稲荷大社
木綿唐草タンニン下塩基性ローラ捺染／（2.4幅）／90cm幅
２月10日初午。11日建国記念日と連休が続いてお稲荷さんへ人がくり出す。小雪が降って美容院でセットした髪が乱れる心配から持ち合わせの風呂敷で頭を覆う。

1974.2.11.／京都市上京区馬喰町　北野天満宮
合繊友禅染／（2幅）／68cm幅
本殿に玉串を奉納し信者がその玉串をもらって、小花を染め出した風呂敷に包み、御酒をいただいて帰る。信玄袋の中には梅の小枝がのぞいている。

1974.2.25./京都市上京区馬喰町　北野天満宮
ナイロンデシン無地浸染／（2幅）／72cm幅／片手垂下運搬
この日は縁日で出店も立ち並び家庭備品の買いたしが行われる。風呂敷は答礼としてもらうことが多いので気楽に使える。

1974.2.25./京都市上京区馬喰町　北野天満宮
綿ブロード蠟防硫化浸染／（3幅）／105cm幅
北野梅花祭のあとかたづけをする尼僧さん。昨年もこの風呂敷で包んでいた。この風呂敷は茶道具の専用包みとされているのだろう。

1974.3.21./京都市南区九条町　東寺
木綿唐草タンニン下塩基性ローラ捺染／（3幅）／100cm幅
風呂敷の結び目は大きくて手のひらに良くなじむ。斜肩掛の鞄使用から見ても風呂敷を扱いなれた人であろう。

1974.12.15.／京都市伏見区深草薮ノ内町　伏見稲荷大社
ナイロンクレープ友禅染／（２幅）／68cm幅／片手垂下運搬
国華風呂敷は風呂敷にファスナーを取りつけ、布袋になるよう設計された実用新案の風呂敷。国華風呂敷を持つおばあちゃんが鳩にエサをやる。

1975.1.2.／京都市伏見区深草薮ノ内　伏見稲荷参道
ナイロンデシン浸染ぼかし・オフセット印刷／（2.4幅）／90cm幅／片手垂下運搬
神供の用品を包んで初詣の参道を歩く。歳始めの名前占の札とストリップショー新春興業の看板が聖と俗を分ける。風呂敷
は紫ぼかしに同色でバラの花が印刷してある。

171

1975.1.3.／京都市左京区岡崎西天王町　平安神宮
合繊友禅染／（2.4幅）／90cm幅／片手腕上運搬
お正月はさすがに和服姿が多く目につく。婚約中の二人がおみくじを引き、男性は吉と出た。女性は小梅模様の風呂敷を平包みにして品良く持っている。包み終えた端布を胸元に持つ方が正しい持ち方とされる。

1975.2.25./京都市上京区馬喰町　北野天満宮
品名不明／（2幅）／68cm幅／片手垂下運搬
外人の親子は鞄に入りきらない買物を風呂敷で包み、日本女性はショルダーバックを肩掛けにする。包む文化と詰め込む文化の交流が見られて面白い。

1975.2.25.／京都市上京区馬喰町　北野天満宮
合繊友禅染／（2幅）／68cm幅／片手腕上運搬。
梅見時には、上七軒から天満宮の境内を見ながら今出川通りへ通り抜ける人も多い。寿散し模様の風呂敷はどこへ行くのだろう。春が来て若い人から軽装になって行く。

1975.6.1.／京都市東山区東山通五条坂　西大谷本廟裏参道
ビニールグラビア印刷／（2幅）／70cm幅／片手垂ド運搬
西大谷本廟裏は清水寺へ続く山道があって、墓地が一面に拡がっている。墓参客のため花屋では樒・お花・蝋燭・線香などを売る。墓参は老人が多いところから、白髪染も売っている。ビニールの風呂敷は量産出来て安価なところから土産物屋のサービス風呂敷として多方面で使われた。

1975.9.15./京都市伏見区深草薮ノ内町　伏見稲荷大社
天竺木綿無地直接染料浸染／（3幅）／100cm幅／両手腕上運搬
伏見稲荷大神の本殿でミタマ分けをしていただき、神璽（ご神体）を白木の箱に入れて持ち帰る。神様なので人目にふれぬ
よう風呂敷で覆う。子供が出来て新居に移るので神棚を設け稲荷大神を祀るのであろう。

1975.9.21.／京都市南区九条町　東寺
レーヨン・ナイロン交織後染浸染／（2幅）／70cm幅
おばあちゃんがお祈りしている間、日傘と風呂敷が仲良く並んで待っている。綿縮みのアツパッパーが懐かしい。

1975.10.19./京都市伏見区深草薮ノ内町　伏見稲荷大社
綿ブロード無地浸染／（3幅）／105cm幅／片手垂下運搬
稲荷大神のミタマ分けされたご神璽（ご神体）を木箱に納め、穢れないよう風呂敷で大切に包む。ご神璽は男性が持ち女性が持つ姿は見たことがない。赤不浄・白不浄は女性だけのものそれ故なのか？

1975.11.30.／京都市伏見区深草稲荷山
ナイロンデシン浸染ぼかし／（2.4幅）／90cm幅／両肩掛運搬
稲荷山に祀る多くの神々に洗米や野菜をきざんだ供物などを供えて廻る。風呂敷の内にはお供物が入れてある。

1976.1.9.／京都市左京区鞍馬本町　鞍馬寺
ナイロンデシン浸染ぼかし／（2幅）／72cm幅／片手垂下運搬
赤・緑・黄・紫の綸子地を横継ぎした毘沙門亀甲と四つ菱の垂幕が鮮やかに映る。参詣を終えて土産物を包んだ風呂敷を持ってこれから奥の院に詣でる。

1976.1.9.／京都市東山区大和大路四条南入　ゑびす神社
木綿経縞先染織物／（3幅）／106cm幅／片方肩掛運搬
今日は宵ゑびすで参拝客が商売繁昌を祈願にやって来る。縁起物の傘人形は始めは小さなものから毎年商いが大きくなる祈りを込めて少しづつ大きなものに替える。傘人形の大きさで買手の景気の良し悪しが判る。「俺とこはどのくらいかな？」

1976.1.18.／京都市伏見区深草薮ノ内町　伏見稲荷大社
ナイロンクレープ友禅染／（2幅）／68cm幅／片手腕上運搬
女の子が生まれた。生誕後の7日夜に命名をし、男子は32日目、女子は33日目に産土神（氏神）に宮参りをする。この時は
神楽が奉納され、酒盃をいただく。子供には祝着を着せ守刀、守袋を添え、苧を産着につないで、姑が赤子を抱く。嫁は白
不浄41日目の忌明けまで鳥居をくぐらない風習が昭和30年代迄あったが、何もかもスピードアップの世の中そんなことも
いっていられないのだろう。参詣も終わり、これから親戚など巡ってご祝儀を麻緒や水引で祝着につけてもらう。

1976.4.27.／京都市伏見区深草薮ノ内町　伏見稲荷大社
ナイロンデシン浸染ぼかし／（2幅）／72cm幅
家内安全、福徳円満、子供の成長を祈念する母親の姿というものは、いつの時代も変わらない。

1976.5.14./京都市左京区大原　寂光院
レーヨン紬友禅染／（2幅）／68cm幅／両肩振分運搬
背負った風呂敷の結び部分に、当時流行した布製手提袋と紙袋の取手を通して運ぶ。手に持つものがなくなり煙草もゆっくり楽しめる。同伴男性の風呂敷は折詰の土産物を、軽いので指先だけでもっている。

1976.10.3.／京都市伏見区深草稲荷山
正絹浜紬友禅染／（2幅）／68cm幅／片手垂下運搬
著名作家の原画を染めたものを業界では名作風呂敷といって、記念品や贈答品向けに販売したものである。風呂敷は棟方志功画伯の柳緑花紅頌の内、椿鵞譜（11月）を染め写した風呂敷。

1976.10.3.／京都市伏見区深草稲荷山
天竺木綿バット染料注染／（2.4幅）／90cm幅／片手腕上運搬
背負子に重い荷を背負って参道を行く。風呂敷包みも一緒に肩にかつげば良いと思うが、掛紐で積荷を強く締めるので、風呂敷に包む箱が痛むことを気づかうのであろう。女の子は甘酒に気を取られる。

1976.10.10.／京都市伏見区深草藪ノ内町　伏見稲荷大社
綿ブロード糊防硫化浸染／（3幅）／105cm幅／両肩掛運搬
地方から観光バスで稲荷大社の参拝にやって来る信徒は、荷物を風呂敷と手提鞄につめ込んでお山めぐりをする。時間的な
ゆとりがないため、拝殿前まで行かず、振鈴もお賽銭も上げず、参道から参拝を済ませ健脚にものをいわせて約40分程で
帰って行く。はたしてご利益は得られるだろうか？

1976.10.11.／京都市伏見区深草薮ノ内町　伏見稲荷大社
綿ブロードナフトールローラ捺染／（2.4幅）／90cm幅／肩上運搬
稲荷山参道は多くの石段を上ることになる。奥の院迄もう少しなれど疲れも出た。途中で参拝を済ませ脇道から帰途につく。
風呂敷の模様は縦取りに構成され、包んだ時柄は斜めに表れる。

1976.12.21./京都市南区九条町　東寺
合繊友禅染／（2幅）／68cm幅
本堂によりかかり日向ぼっこをするご隠居さん。根引松の模様は正月初子の日を表現して初春もあと10日。

1977.1.9.／大阪市浪速区恵比須西　今宮戎神社
木綿唐草タンニン下塩基性ローラ捺染／（3幅）／100cm幅
宵戎の露店商が福箕・傘人形・福笹・熊手など、ところ狭しと縁起物を並べる。今年は財をかき集める祈願を込めて、熊手に戎・大黒天・宝物を飾りつけ、福笹と一緒に唐草に包んで持帰る。

1977.1.9.／大阪市浪速区恵比須西　今宮戎神社
ナイロンデシン板〆浸染／（2幅）／72cm幅
戎大祭の宵宮、福笹を買い求めてお宝が笹から離れると困るので風呂敷で包もうとする。手首のハンドバックが邪魔になりうまく包めない。このような時は1人が相手のバックを持ってやるか、または風呂敷を先に結んでその結び目に福笹を通した方が早い。

1977.2.25./京都市上京区馬喰町　北野天満宮
ポリエステル転写捺染／（2.4幅）／90cm幅／片手垂下運搬
前田青邨画伯「三羽鶴」の原画を風呂敷に染め、三井銀行が開業百周年記念として顧客に配布した風呂敷である。銀行や保険会社が記念品として配るものは、当時から実用的で性別、年令を問わず使用出来る風呂敷が良く使われていた。

1977.2.25./京都市上京区馬喰町　北野天満宮
天竺木綿無地直接染料浸染／（2.4幅）／90cm幅
天満宮梅花祭には外人観光客もやって来る。買い物は風呂敷に包みショルダーバックの革紐に結びつけてつり下げる。新聞
包みの女性も含めて皆、様になっている。

市

1972.8.21.／京都市南区九条町　東寺
木綿唐草タンニン下塩基性ローラ捺染／（3幅）／102cm幅／斜肩掛運搬
野菜、果実、花などの種を扱う露店商の前で、夫婦で種選び。京都近郊は京野菜を栽培するところが多い。唐草文様は四方八方へ拡がり家運の繁栄を表象している。

1973.3.25./京都市上京区馬喰町　北野天満宮
天竺木綿無地直接染料浸染／（6幅）／200cm幅
天竺木綿（3幅）1m幅を中つぎして、裏側中央に風呂敷全体の4分の1の尻当布を斜めに縫い付けて底部を補強する。荷を解かれた風呂敷は四辺がいたみやすいため綿糸刺子で補強している。店開きをしたところでまだ陳列出来てないのに早くも客が来た。

1973.3.25.／京都市上京区馬喰町　北野天満宮
天竺木綿茶無地直接染料浸染／（5幅）／175cm幅／片手垂下運搬
綿ブロード板場着色抜染／（2.4幅）／90cm幅／片手垂下運搬
綿ブロード板場抜染／（2.4幅）／90cm幅／片手垂下運搬
古物好きな観光客が北野天満宮に集まって来る。あっちこっちで買集め気がつくと風呂敷一杯になっている。この様な時は木綿の風呂敷が丈夫で便利。両手にさげて背中にも背負ってまだまだ買っても大丈夫。

1973.3.25.／京都市上京区馬喰町　北野天満宮
木綿格子ドビー織先染織物／（3.5幅）／120cm幅
北野天神梅花祭の露店商で一番荷物が少ないのは古銭・切手を売る人達であろう。風呂敷一枚あれば商い物は全て包むことが出来る。

1973.3.25.／京都市上京区馬喰町　北野天満宮
品名寸法不明／片手垂下運搬
北野露店市で花器をさがす。器物は通常新聞紙で包み紐がけして渡してくれる。それを持参の風呂敷か、または古裂屋でありあわせの風呂敷を購って持ち帰ることが多い。

1973.3.25.／京都市上京区馬喰町　北野天満宮
天竺木綿紺無地直接染料浸染／（6幅）／200cm幅
目暮れになって露店商の人々が帰り仕度にかかる。長年使用された風呂敷にはその歴史がきざまれ、つぎ当て補強した跡が見られる。中には、紋章入の幕を風呂敷にしたものも見られる。自転車にリヤカーで運搬したものが自動二輪車に代わり、さらにライトバンの自動車にかわって、なにもかもスピードアップされると店仕舞いもあわただしくなって来る。

1973.3.25./京都市上京区馬喰町　北野天満宮
天竺木綿茶無地直接染料浸染／（5幅）／175cm幅／片手垂下運搬
骨董品を買って荷物の重量や容積が増えた時には、肩力運搬の方が歩きやすく楽なのだが、背広姿では男性といえど抵抗がある。

1974.1.25／京都市上京区馬喰町　北野天満宮
アセテート板場抜染／（2幅）／68cm幅／垂下運搬
一刀彫りの表札を購入する間。根元を新聞紙で包まれ、さらに風呂敷で包んだ植木は地面に置かれたままとなる。婦人が持つのはラメ編みの三角袋、これは2幅の風呂敷で一つ出来る。小物を入れるには便利で、家庭内にある風呂敷を用いてよく作られたものである。

1974.1.25./京都市上京区馬喰町　北野天満宮
天竺木綿多数／（3幅）／100cm幅～（6幅）／200cm幅
呉服類の古着を扱う商いは喪服、留袖、訪問着、つけ下げ、紬、ウール着尺、長襦袢など種類別に風呂敷に包む。商品を陳列している時、包んで来た風呂敷はテント代りの間仕切りとしてつり下げられる。1.5坪ほどの地面があれば商いは出来る。

1974.1.25.／京都市上京区馬喰町　北野天満宮
ナイロンクレープ友禅染／（2幅）／68cm幅
敷松葉の風呂敷には陶磁器を紙包みにして入れる。のんびり煙草を吸いながら古時計を見る人。寒いので酒を飲みながら見ている人もいる。

1974.1.25.／京都市上京区馬喰町　北野天満宮
ナイロン・レーヨン交織後染浸染／（２幅）／70cm幅／片手垂下運搬
初天神で植木・盆栽など多くの店が立ち並ぶ。トンビマントを着た僧は、ナイロン99％・レーヨン１％の交織後染風呂敷を
持っている。これは１枚500円で1968年開発の良く売れた商品であった。小雪がちらちらしだした。

1974.3.21./京都市南区九条町　東寺
綿シャンタン友禅染／(2.4幅)／90cm幅
春の暖かい日差しで、着ていた皮ジャンパーは風呂敷に包んでしまう。ストローハットが懐かしい。

1974.3.21./京都市南区九条町　東寺
正絹縮緬友禅染／（2幅）／68cm幅／片手垂下運搬
赤絵皿を品定め、ハンドバックの紐と同じ長さになるように風呂敷を結んでいる。

1974.3.21.／京都市南区九条町　東寺
正絹縮緬友禅染／（2幅）／68cm幅／片方肩掛運搬
外人観光客の東寺見物。ショルダーバックを肩掛けする習慣のあるお国柄で風呂敷もショルダーバック並みに扱われている。
頭を合繊の風呂敷で包む人もいる。

1974.3.21.／京都市南区九条町　東寺
天竺木綿無地直接染料浸染／（5幅）／175cm幅／片方振分運搬
相当に重い荷物を振分けに担ぐ。前後の風呂敷の結び方はさすがで、結び目が肩にくい込まない工夫をしている。雨に備えて蝙蝠傘も用意してある。

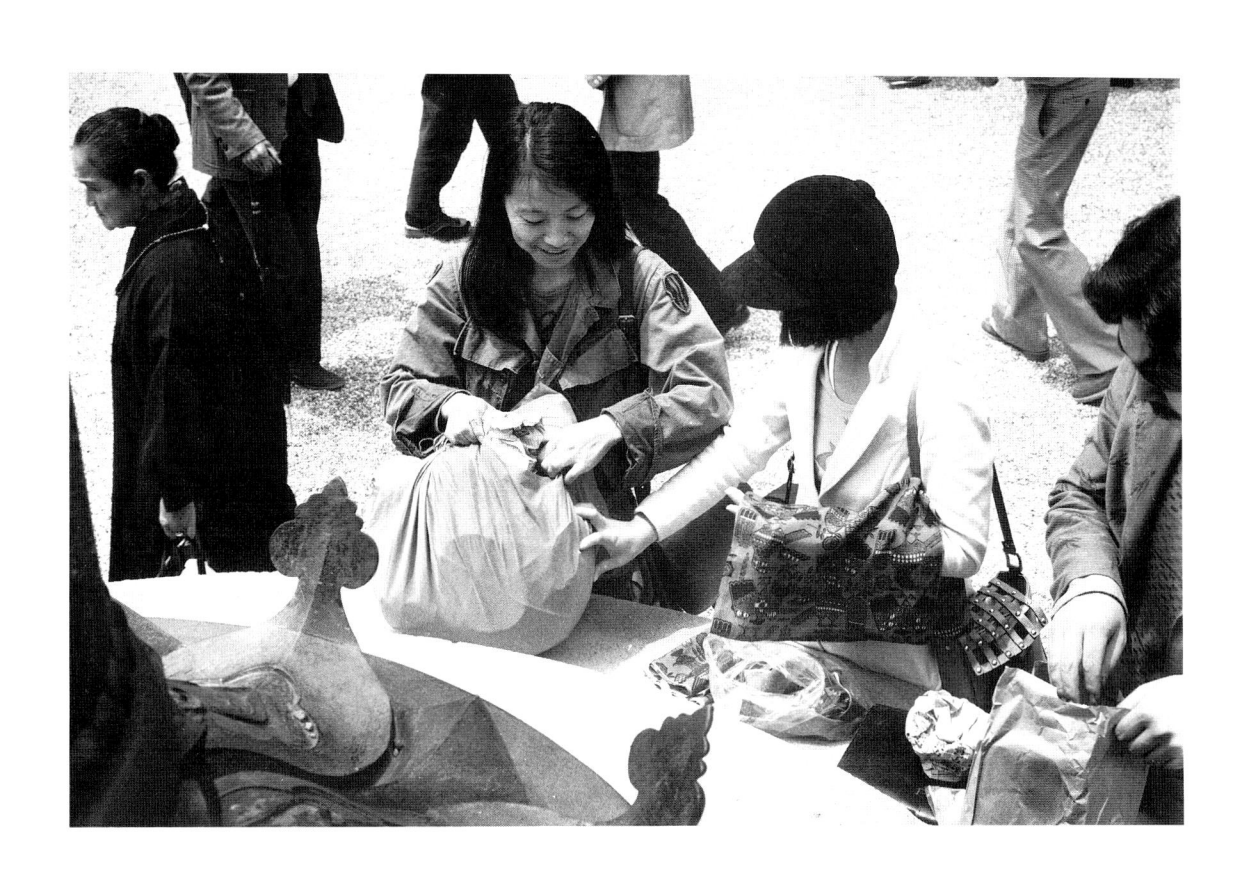

1974.3.21./京都市南区九条町　東寺
ナイロンデシン無地浸染／（2.4幅）／90cm幅
露店市でいろいろなものを買って荷物がふくれ上がる。燈籠の下で品物整理をして包みなおす。お互いの買物の品定めも楽しみの一つ。

1974.4.21.／京都市南区九条大宮　東寺西門前
綿ブロード蠟防ナフトール浸染／（3幅）／105cm幅
硫化やナフトール染料による風呂敷は大量生産された。したがって難物も結構出来た。これを集めて売るのが東寺や北野神社の縁日の露店商で、家庭用として使う分には充分使用でき、また安価なこともあって、これを求める人が多かった。

1975.9.21.／京都市南区九条町　東寺
木綿経縞先染織物／（2幅）／70cm幅／腰堤運搬
子持縞と無地を6：4の割合に構成した風呂敷をベルトにくくりつけている。松の盆栽は水玉模様のビニール袋に入れて、松の根土が落ちないようにしてある。この時代ビニール袋は大量生産され、仕入用のものもあって、問屋から露店商へ卸されていた。水玉模様はその代表的存在だった。

1975.9.21.／京都市南区九条町　東寺
品名寸法多数
ライトバンを使って荷物を運搬するようになると、大量に速く運べるので品物の種類も増えてくる。種類別に風呂敷に包むと柄・色により中味が判別出来る。風呂敷の見本市のようで面白い。

1975.9.21.／京都市南区九条町　東寺
木綿格子先染織物／（6幅）／204cm幅
一日の仕事も終わり天竺木綿無地・綿ブロードのエジプト更紗・竹模様・幾何文様の風呂敷で衣類を包む。生地は木箱やダンボール箱に入れると運搬中擦れて痛みやすいため、風呂敷で包むのを常とした。格子縞の一反風呂敷は荷物の上に覆布として用いられる。

1975.12.21./京都市南区九条町　東寺
品名寸法不明
三枚100円と1枚100円の生地を区別して売っている。
生地は長尺のままなので、風呂敷1枚分の長さが表示価格となるのであろう。風呂敷地というよりも寝具地に用いられる生地のようだ。布帛はどのようなものでも風呂敷になり得るため「この生地風呂敷に使えます」を表現したものだろう。

1976.1.25./京都市上京区馬喰町　北野天満宮
木綿筒描藍浸染／（3幅）／102cm幅
初天神で境内はごったがえす。骨董品を売る露店商のライトバンには、珍しい出雲祝風呂敷が掛けてある。横木瓜紋に雪輪の外輪は女性用の祝風呂敷で出雲地方では嫁入に際して必ず持たせたものである。大黒さんの土地柄か宝袋と宝珠が藍濃淡で力強く染出され嫁入の華やかさを映している。

1976.1.25.／京都市上京区馬喰町　北野天満宮
ナイロンデシン浸染ぼかし／（2幅）／72cm幅／片手垂下運搬
カメラと風呂敷を持って日本人よりも日本人らしい外人。日本人は風呂敷よりもショッピングバックを持つようになった。

1976.12.21./京都市南区九条町　東寺
木綿唐草タンニン下塩基性ローラ捺染　（4幅）　135cm幅　両肩掛運搬
いろいろな品物を求めていろんな人が行き交う終弘法市。鰯の丸干しから風呂敷の端裂までなんでもそろわないものはない。

1976.12.21./京都市東山区九条町　東寺
木綿筒描顔料差し藍浸染／（小幅4枚継）／136cm幅
小幅木綿を四幅継ぎにして筒描顔料差しの掛夜具地を外人女性が拡げている。中型で糊防染した夜具地を日本女性が趣味の小物を創作するため柄選びしている。座布団・前掛・割烹着・布袋・卓布・張りまぜ屏風など何を作っても力強くひなびた作品が出来るだろう。藍染の魅力である。

1976.12.21.／京都市南区九条町　東寺
天竺木綿藍浸染刺子／（4幅）／136cm
小幅天竺木綿4枚を幅継ぎにし、四隅に菊花弁を刺子にした春日井家の自家製風呂敷。天然藍と白の刺糸が美しい。よほど酷使されたのか、いたるところつぎ当てがしてある。露店商に売物かと問うと『3万円！』と返事がかえって来た。良く手になじんだ風呂敷なので売りたくないのだろう。

1976.12.21.／京都市南区九条町　東寺
ナイロンデシン浸染ぼかし／（2幅）／72cm幅／片手垂下運搬
「終弘法・初天神」というように、終弘法市は歳末用品買い出しの人で混雑する。天気が良いのでご隠居さんも散歩がてら露店を見て廻る。徳利や盃台に眼が行くのはお酒が好きな人かも知れない。

1976.12.21.／京都市南区九条町　東寺
綿ブロードナフトールローラ捺染／３幅／105cm幅
ローラ捺染は染色スピードが早く、トラブルに気付くのが遅れると20〜30mの染難が出来てしまう。これを縁日の露店商が格安で売ってくれる。物差しで測らなくても生地幅より少し長目に４枚分折りたたんで裁断すると、６幅風呂敷１枚分の要尺となり、家に持帰りミシン掛けする。布団包みなど収納用具として多用された。

1976.12.21./京都市南区九条町　東寺
綿ブロードナフトールローラ捺染／（2.4幅）／90cm幅
ローラー捺染機で風呂敷地を染めると長尺の難物が出る。これを集めて露店で販売する。家庭で収納品を包むには安価で洗濯も出来るため良く売れた。90cm幅×190cm丈の生地を2枚中央で幅継ぎすると5幅一反風呂敷を作ることが出来る。この要尺380cm分が即ち1000円なのである。特大フロシキとある方の生地は（3幅）100cm幅×210cm丈2枚で6幅の風呂敷が出来る。要尺420cmが1300円である。歳末は押し入れの整理も行うため大判の風呂敷はどの家庭でも重宝された。

1977.2.25./京都市上京区馬喰町　北野天満宮
天竺木綿無地直接染料浸染／（6幅）／200cm幅
綿ブロードナフトールローラー捺染／（3幅）／105cm幅
品物を包むのは屈んで包むより、天神さんの石垣に風呂敷を開げ、立って包む方が楽。體がそれを知っている。

1977.2.25./京都市上京区馬喰町　北野天満宮
綿ブロード糊防硫化浸染／（3幅）／105cm幅／片手垂下運搬
売り手のポケットには肥った財布が見える。仙人みたいな御隠居が商品の値引きをせまる。その迫力に敗けそう。

1977. 2. 25. ／京都市上京区馬喰町　北野天満宮
綿ブロードナフトールローラ捺染／寸法不明／両肩掛運搬
絣・唐桟・紬・紅型・鹿の子・いろんな呉服が積んである。京名所丸紋散しと、向い鶴に桐唐草の生地を縫合した風呂敷を背にして、取合わせを考える。

1977.2.25./京都市上京区馬喰町　北野天満宮
品名寸法不明／垂下運搬
外人が陶磁器を品定めしている。寝具地に使う綿更紗のプリントで座布団・裂地など包む。一度、姿勢のいい外人が肩力運搬で風呂敷を使うところを見てみたい。

1977.2.25.／京都市上京区馬喰町　北野天満宮
品名寸法不明／片手垂下運搬
日が落ちて寒くなって来た。女の子はビニールの雨具を広げるが、上下反対に持ったので勝手が悪い。雨具といえど土で汚すのは嫌なのだろう。風呂敷も美しく包める人になってほしい。

1977. 2. 25.／京都市上京区馬喰町　北野天満宮
天竺木綿無地直接染料浸染／（3幅）／100cm幅
風呂敷から布袋へ運搬用具が移行しつつある中で、宇治茶も茶壺、木箱、一斗缶、ダンボール箱、紙袋、ビニール包装へと変化して行く。柑橘類の運送も木箱詰めからダンボール箱に変わってしまった。消費経済が謳歌された結果ゴミ公害が問題となるのもこの頃からである。

1981.4.25.／京都市上京区馬喰町　北野天満宮
天竺木綿白地／（6幅）／200cm幅
夕方になってぼちぼち露店をたたむ。風呂敷の数で今日の売上も判るのだろう。衣服類が白布に包まれる。

その他

1974.3.17./京都市伏見区深草藤森　青風幼稚園
合繊友禅染／（2幅）／68cm幅／片手垂下運搬
卒園や入学式には小紋・つけ下げ・無地の着物に黒羽織がセミフォーマルな着装として流行した時代。合繊の風呂敷はかさばらずハンドバッグに入るので、帰途だけの荷物を包む風呂敷がいろいろ見られた。

1974.3.17.／京都市伏見区深草藤森　青風幼稚園
ナイロンデシン浸染ぼかし／（2幅）／72cm幅／片手垂下運搬
卒園式には園児の作った図画工作・卒園証書・ケーキ・花束・父兄会からの記念品他に名札・上履・コップ・小座布団など園内で使っていたものを持帰ることになる。不定形なものが多いため風呂敷に包んで帰る。

1975.4.20.／三重県四日市市　近鉄ステーションホテル
ナイロンデシン浸染ぼかし／（2.4幅）／90cm幅
昭和40年（1965）頃から結婚式がホテルで行われるようになる。披露宴が座敷から立式になると、折詰を持ち帰る風習が少なくなり、記念の引出物を持ち帰るようになった。地方都市にあっては、従来の折詰と引出物を共に贈ることになり、大きな風呂敷包みを持ち帰る婚礼風俗が見られた。

1975.11.17./京都市下京区四条烏丸西　産業会館5F
合繊無地浸染／（2.4幅）／90cm幅
北陸シルククラブ懇談会。コーヒーも水も空になり論談も一休み。風呂敷には染織図案かジャガードの紋図が入っているのだろう。会議のあい間に意匠を考える。

1976.7.17./島根県出雲市上成橋　長田染物店
木綿筒描藍浸染／（4幅）／136cm幅／両手腕上運搬
当時、島根県無形文化財指定の表紺屋は福原権市・浅尾常市・長田政雄氏の紺屋で、いづれも出雲祝風呂敷を染め出していた。祝風呂敷は中央中付に紋章を入れるものが多く、紋章外輪が丸又は無いものは男性家紋、雪輪は女性紋で紋章の外輪で性別が行われて来た。祝風呂敷は慶弔を問わず式服などを包んで儀式時に用いる。写真は長田政雄氏夫人に使用状態を示してもらい撮ったものである。現在長田紺屋だけが営業を継続している。

1976.7.17./島根県出雲市上成橋　長田染物店
木綿筒描藍浸染／（4幅）／136cm幅
藤井家の下り藤紋を中付にして、鶴・亀・巻子・宝袋・宝珠など吉祥を表した藍染の祝風呂敷。この秋に結納を納め、婚儀は来春になるのかな。出雲路に藍の香りが郷愁を呼ぶ。生地は小幅天竺4枚継ぎ。

1976.10.10.／京都市伏見区深草開土口町
ナイロンデシン浸染ぼかし／（2幅）／72cm幅
納屋の改修工事に大工さんが入る。昼食の弁当を包んで風呂敷が置かれている。随分と大きな弁当である。茶碗の数で大工さん達の人数が判る。

1976.11.4.／京都市左京区岡崎天王町　京都市勧業館
トリアセテート紬友禅染／（2幅）／68cm幅／片手垂下運搬
京都の染織業者が集い「染と織りの祭典」を開催する。着尺引染工程の実演を見る女性は、風呂敷に縫付けたファスナーの開閉により袋物にもなる実用新案の国華風呂敷を持っている。ソアロン紬はトリアセテート95％・ポリエステル5％の品質で収縮率・染堅牢度共に安定した商品であった。

手描友禅のできるまで

1976.11.4.／京都市左京区岡崎天王町　京都市勧業館
ポリエステル友禅染／（2幅）／72cm幅／片手垂下運搬
着尺の染色工程順に陳列されている。白生地から完成品の方へ見るのを逆に見て歩く。この手の展示は常にお目にかかるので工程は理解出来ているのであろう。

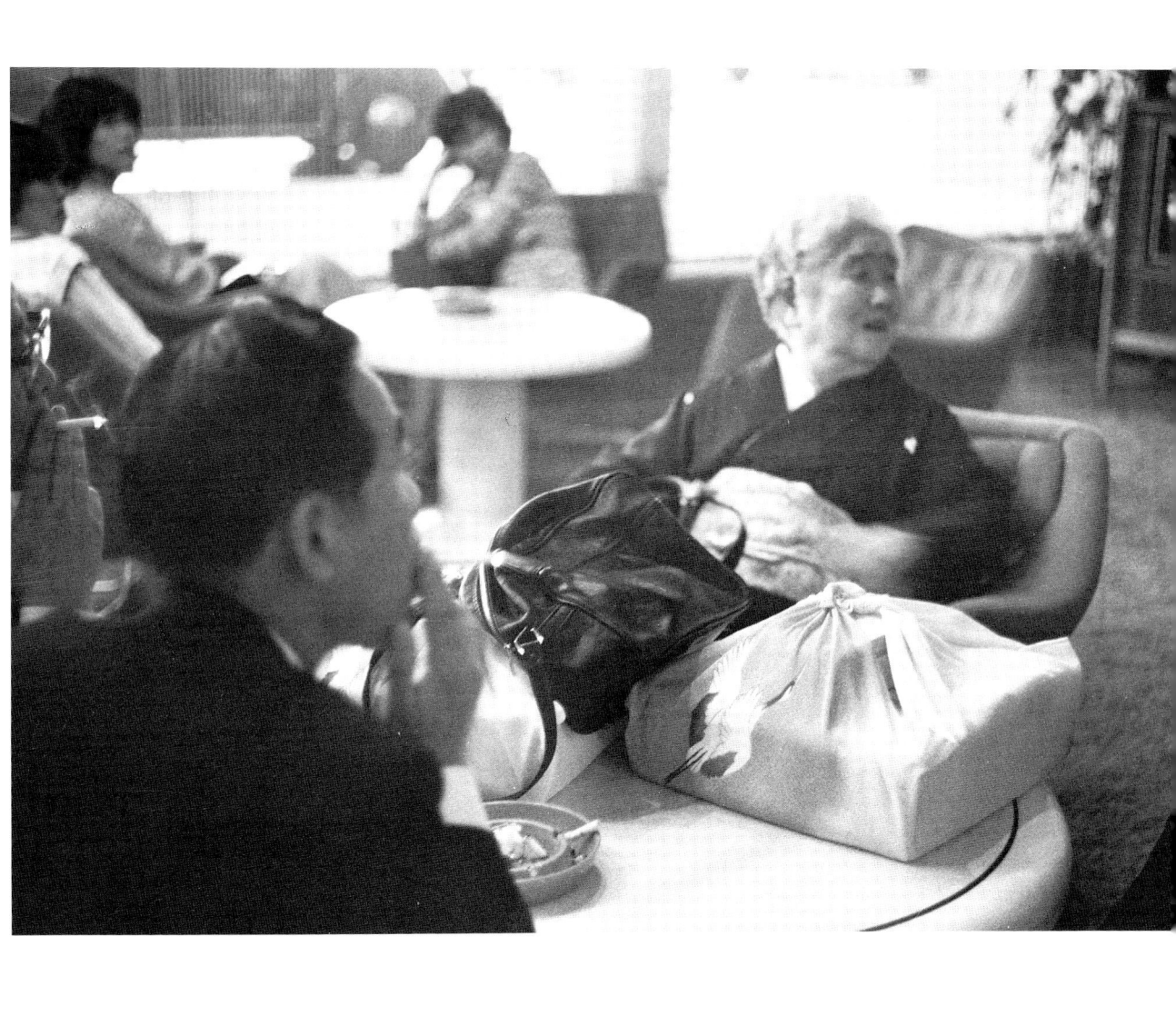

1977.4.16./京都市山科区上花山花ノ岡　東急インホテル
合繊友禅染／（2幅）／68cm幅
ちいさい時は餓鬼大将やった朔子が可愛らしいお嫁さんをもらった。仲間にかこまれて相変わらずにぎやかなこと。「夢みたいなこっちゃなー」来し年をふりかえる。引出物を包む友禅の鶴が祝辞を述べている。

第5章
近代風呂敷事情

染風呂敷の生産

　明治期の商いは基本的に計り売りで、醤油・酒・塩や砂糖・茶や粉類・米などの穀類は、徳利・片口・壺・桶・ざる・重箱・木箱・信玄袋・風呂敷などを商家に持参し、必要量を天秤で計ってもらい、それを持ち帰ったのである。町家では豆腐・野菜・魚など、日常の総菜類は各家庭を廻ってくる行商人から購入するのが普通で、包装紙もビニール袋もなく、したがってゴミ公害などは起り得ようのない時代であった。絞り・筒描・手描友禅や縞・格子の先染織物などは、江戸時代の技法がそのまま大正時代まで引きつがれ、小幅の絹や木綿を使った風呂敷を生産したのである。

　明治４年刊行、『染風呂敷傳法』は唐木綿顔料型刷染法による風呂敷生産技術の教本であるが、これには「夫れ染め風呂敷の義は世に広きものにして、市在山家のほとり迄も家々になければならぬ品にして、何程数多仕入ても余るということなし。就てはちかごろ染風呂敷をもって祝儀の進物または仏事年忌の茶のこのかはりに用い、其このみにまかせ定紋苗字など染こみ、其外種々のもやう染いろ等に工夫をこらし、諸国に広く売捌時は土地の繁栄ともなるべき」と、染風呂敷の需要の多いこと、また染風呂敷が慶弔時の贈答品として明治初期から使用され出したこと、定紋・苗字を風呂敷に印入し用いたことなど興味ある記述がある。現在でも風呂敷生産量の八割以上が進物品として販売されているが、こうした需要構造は明治初期から始まることが理解される。また定紋や苗字を印入する風潮は、明治３年の平民苗字許可令、明治８年の平民苗字必稱義務令を機会に平民の苗字創出が全国的規模で行われたことにある。苗字の創造は家紋の創作にもつながり、明治以後、俄かに紋章入り風呂敷が増加することになる。定紋は風呂敷の他、掛袱紗・重掛・鏡掛・掛布団の鏡表・夜着・提灯袋・傘袋・引幕・五月幟などの布帛製品、そして漆器・陶器類にも盛んに用いられるようになった。現在我国の苗字の数は13万3700種類、紋章は約２万種類もあり、昔も今も定紋風呂敷は全て誂注文で染められ、これは筒描藍浸染の技法で行われることが一般的であった。*註1 *註2

　今日でも、この染法による風呂敷の生産は、山陰出雲地方に見ることが出来る。後染印入を専門に取り扱う筒描紺屋は、先染用の糸を染める紺屋と区別して表紺屋と呼んだ。表紺屋は江戸期からいたるところにあり、屋号や商標を印入した風呂敷・大漁旗・万祝・幕・幟・印伴天など集団標識となる布帛製品を染めていた。筒描藍浸染による風呂敷を明治以前より染めつづけている島根県出雲市の長田染物店の資料によると、出雲地方では明治40年頃、表紺屋は13軒、大正中期11軒、昭和８年頃８軒、昭和25年頃４軒と衰微し、昭和40年には浅尾常市・長田政雄・福原権市３氏が島根県無形文化財指定を受けたが、現在では長田染物店一軒だけが祝風呂敷を染出している。*註3

　出雲地方の祝風呂敷は二幅・三幅・四幅の三枚を一揃とし、嫁入道具として持行く慣習があり、嫁の定紋（女紋）は里の家紋を雪輪でかこみ（女物）、風呂敷の中央につける。婿の定紋（男紋）は丸輪の中に入れ（男物）、好みによって日向か陰に染め上げる。模様は鶴亀・松竹梅・宝尽しの吉祥文で男物の風呂敷には二隅に簡単に入れ、女物には二隅または四隅に入れて、模様の多い程高級である。配色は古くは男物は茶、または萌黄で染めたが、昭和期には男物も藍一色となった。女物は全て昔より藍、または藍取（藍の濃淡）で染め、約３ケ月から６ケ月を要して仕上げたのである。こうした祝風呂敷は主として嫁入りの諸道具・衣類などを包み、子供の誕生祝、またその内祝あるいは初節供の祝物を包み、その他祝事や仏事の時に式服などを包み冠婚葬祭を問わず使用し、一枚の風呂敷は人生の喜怒哀楽の想

嫁の定紋　　　　　　　　　　出雲地方の祝風呂敷　　　　　　　　　　婿の定紋

　を秘めながら一生を通じて使用されたのである。
　現在、定紋や苗字を入れた風呂敷は、主に古くからの儀式習慣を残す近畿・北陸・四国地域で、婚儀の結納・荷納・内祝・初節供の進物時に使用されている。この定紋風呂敷の素材は白山紬・絹縮緬・木綿の金巾などを使い、染法は生地を規定の寸法に断ち、紋下絵を青花で袋描きし、筒描きで生地の両面に糊置きし、次に伸子張りした生地を呉引（豆汁）し、酸性・直接染料で引染めした後、蒸熱処理を行い、水洗で糊を落とし、乾燥・整理後化粧裁断して縫製し風呂敷に仕上げるもので、主として京都の引染工場で生産されている。筒描きによる糊置きは出雲地方と同じ方法を取るが、藍染でなく化学染料による染色で約20日余りで仕上げるところに、天然染料から化学染料へ、浸染から引染へ、そして小幅から広幅織物へと移行したことが認められる。定紋風呂敷は、人生通過儀礼による儀式習慣が変化しないかぎり継続生産されて行くものと思われる。
　明治維新から日清戦争が始まる迄の時期は、近代洋式技術を摂取した時期であった。外国人技術者の指導による技術者の育成、伝習生の派遣、洋式機械の輸入、勧業博覧会開催など近代染織技術を移植する努力を行った。日清・日露戦争を通して、我国の繊維工業は飛躍的な発展をとげ、資本制生産へと移行したのである。明治時代を通して風呂敷業界での変化は、手織機から力織機へ、小幅から広幅織物へ、自家生産から工業生産へ、天然染料から化学染料へ移行する途上にあった。この時期、洋式カバンや瓶類が出廻り始め、明治末年には三越呉服店の包装紙が登場したが、殆どの日常運搬には風呂敷が用いられていた。
　大正から昭和初期は化学染料の国産化、人絹糸の製造、人絹交織ポプリンの開発、スクリーン捺染の開始、オフセット印刷による布帛捺染の開発、ローラ捺染の普及など風呂敷生産の量産化が進んだ時代でもある。この時期には、再生繊維の富士エット、スパンレーヨン、レーヨン紬の風呂敷を中心として、

唐草や木綿縞の風呂敷、そして絹紡の藤絹、白山紬、八端、銘仙の風呂敷も多量に販売された。

　古代からの共食習慣の名残りとして、家で行った宴会の食物を箱膳ごと風呂敷に包んで持ち帰る風習があった。明治末期から昭和にかけて会食に料亭を利用することが多くなり、宴会での食物を折詰めして持ち帰るための風呂敷、折包が、昭和初期からスフや綿素材を用いて生産されるようになった。白地に寿や折鶴模様を赤の顔彩で型刷りした折包は、63cm幅、73cm幅、83cm幅と三種のサイズがあり、昭和35年頃まで驚異的な生産量を誇った。祝宴の折詰めを折包に包んで持ち帰った婚礼風俗が、ホテルでの披露宴に変わると、折詰め料理は引出物に変り、大きな引出物を包むためのナイロンぼかし浸染の風呂敷が使われるようになる。昭和50年初頭には、引出物を包む合成繊維の風呂敷が年間6000万枚も生産され、ナイロンぼかしの風呂敷は、かつての「折包」にとってかわった。

　第1次大戦後から第2次大戦終戦まで、繊維産業は化学繊維の本格的生産の段階に入り、これに対応する染料も多く開発された。第2次大戦中の企業整備による軍需への強制転換、原料の輸入禁止、あるいは戦争による破壊などで、終戦当時の繊維工業は致命的な打撃をうけ、技術的にも停滞を余儀なくされたが、戦後の昭和27年には戦前の技術水準に回復したばかりでなく、綿や人絹織物の輸出で再び活況を呈した。昭和27年から28年以後は、ビニロン・ナイロンの本格的生産段階に移り、昭和33年からはアクリル系・エステル系繊維が商品として登場した。こうした合成繊維は数限りなく新製品を生み出す結果となり、合成繊維の風呂敷が次々と製品化され、昭和34年の明仁殿下と美智子様の御成婚による和服ブームも到来して、当時の市町村合併記念風呂敷、企業創業記念風呂敷、昭和39年東京オリンピック記念風呂敷など史上空前の風呂敷需要を巻きおこしたのである。

　近代を代表した風呂敷を次に解説し、包みものから袋ものへと移行して行く過程を見ることにする。

＊註1　『日本姓氏大辞典』丹羽基二著　日本ユニベック社調べ。
＊註2　『姓氏家紋の基礎知識』丹羽基二著。
＊註3　「島根県文化財調査報告，第2集」島根県教育委員会『出雲地方の染織について』
　　　　岡義重　昭和41年3月。「無形文化財指定申請書」長田政雄　昭和39年11月

木綿唐草風呂敷

　木綿の唐草風呂敷は、明治30年代から40年代にかけて生産されるようになった。唐草模様の単純明解な意匠は誰が考案したかは不明である。当時の染色工程は次に示す通りである。

①当時唐草の風呂敷は天竺木綿の2幅と2.4幅を使用した。生地1疋の長さは2幅物30ヤード・2.4幅40ヤードで和晒した後に整理して、これをそれぞれ10ヤード丈に裁断する。したがって2幅は3布取、2.4幅は4布取りとなる。

②先ず、固定された板場平台の上に唐草部分を彫った型紙を使って、防染糊を置き、次に2人で生地の両端を拡げ持って、生地を平台上に張りつける。張り付けた生地上に同じ型紙を用いて、防染糊を印捺すると、糊は生地の表裏両面に付着する。

③防染糊の上に細かな砂を生地両面に振り掛け、糊の打合いを防ぐ。

④生地の両端を張ワクに固定し、糊を乾燥させるため生地両耳にほぼ50cm間隔で伸子を打つ。

⑤②〜④の工過をくり返し、平台の上方に生地を張り上げ、防染糊が乾燥した後にこれを取りはずし、裁断面を縫って長くつなぎ合わせる。

⑥塩基性染料は木綿に直接染付かないため、タンニン媒染をほどこすことになるが、媒染剤の代りにグリーン系や金茶系の硫化染料で下浸けした後、生地を塩基性染料の浴槽で上掛け浸染し、堅牢にして色鮮やかな呉竹色の発色が得られる。（硫化と塩基性染料の二浴槽染）

⑦生地に付着する余分な染料と防染糊を水洗いし、これを乾燥し、整理の後、風呂敷要尺に裁断して縫合する。

　この染法は京都、牧野染工場（創業明治30年代）が唐草風呂敷に用いたもので、下染が硫化染料であるため耐光・水洗共に堅牢であり、第2次大戦迄継続した。型紙糊置き浸染は、塩基性染料メーカーの仕様とは別に、それぞれの染工場によって種々工夫されたのである。

　唐草風呂敷の裁断・縫合は2幅×10ヤード（9.1m）が布単位となるため、2幅の風呂敷は1布で12枚取、2幅を2枚中継ぎして4幅を作る場合は1布で3枚取り、また2幅を3枚中継ぎして6幅の風呂敷を作る時は3布で4枚取りとした。2.4幅×10ヤード（9.1m）が一布単位となる場合には、1布で

2.4幅が9枚取り、5幅は2.4幅を2枚中継ぎして2布で5枚取りとしたのである。昭和6〜7年頃にはローラー捺染機による捺染工場が輩出し、唐草の量産化が促進されるに及んで型紙糊置き二浴浸染による染法も第二次大戦迄継続していたが、しだいにローラー捺染へと移行した。殆どの日常運搬には風呂敷が使用されていた時代でもあり、いくら染めても余るということはなかったという。唐草風呂敷の卸問屋である京都の森治商店（創業明治43年）では大正の中頃から第2次大戦迄年間12万メーターの出荷量があり、タンニン媒染で塩基性染料を用いたローラー捺染は昭和6〜7年頃から始めたという。昭和27年頃から33年頃迄は年間120万メーターを染出し、唐草最盛期の昭和35年〜45年には年間180万m〜200万mを取り扱った。これを5幅風呂敷に換算すると約50万枚の風呂敷が販売されたことになり、同店の3倍が唐草市場であったと云うから実に総生産量は600万mにも及んだのである。この生産量の9割が嫁入の布団包みとして使われたもので、5幅から6幅が大量に消費され、また簞笥・長持の油単類にも広く活用された。

　現在の若者達はこの唐草風呂敷のことを「盗人さんの風呂敷」などと呼んでいるが、これはＴＶコマーシャルの影響からである。長年月に亙って生産されつづけた大版の唐草風呂敷はどの家庭にもあり、盗人が、入った家の大版風呂敷で担ぐ姿からイメージがあることと思われる。かくして唐草模様の綿風呂敷は風呂敷の代名詞の如くになり親しまれたが、消費者主権の時代がおとずれ、昭和49年繊維製品の取り扱い表示記号の表示法改正にともない風呂敷の洗濯堅牢度などが検討されはじめ消費者クレームの対象となり、また嫁入荷物も洋風化し布団袋などで運送されるようになって、現在唐草の生産量は最盛期の2割にまで減少した。唐草の綿素材も昭和50年代から天竺木綿より薄手の金巾で2.4幅に加えて3幅が使用されるようになり、2幅の風呂敷は生産されていない。

唐草風呂敷に使用された綿布の標準規格表（昭和30年頃）

品　種	規　格 経緯番手 径緯時間本数	幅×丈 (吋)　　(ヤード)	原糸量 (封度)
天竺2A （2幅）	20'S × 20'S 60 × 60	30×30	7.22
細布#2023 （2.4幅）	20'S × 20'S 60 × 60	36×40	11.55
天竺三幅	20'S × 20'S 59 × 54	43×40	28.63
金巾#2002 （2幅）	30'S × 30'S 68 × 60	30×40	6.76
金巾#2003 （2.4幅）	30'S × 36'S 72 × 69	38×40$\frac{1}{2}$	8.81
金巾#2004 （3幅）	30'S × 36'S 72 × 69	44×46$\frac{1}{2}$	11.7

木綿縞風呂敷

　明治後期、埼玉県鳩ケ谷・蕨地域では、小幅の縞織物を生産し、幅継ぎした2幅～5幅の風呂敷を東京方面の卸問屋に納入、主として商用や普段使いとして一般に販売された。

　大正10年～12年になるとこの地域にも広幅力織機が導入され、縞風呂敷地の生産が行われるようになった。この力織機は、織手1名で織機4台を稼動するため量産化が進んだのである。鳩ケ谷地域では、農家用作業服地（綿小倉）や学生服の裏地（紺無地綿ネル起毛布）の生産が主であり、縞風呂敷の生産は織屋70軒の内10軒が製織していた。
＊註1

　縞風呂敷は一般の需要拡大に従い、所沢地区そして昭和5～6年頃からは青梅地域でも生産され、関東特産品として広く認められるようになった。縞風呂敷を製織する機屋が増加するに従って、価格競争も激しくなり、風呂敷地、製品とも粗悪品が出廻りはじめ、問屋業界にあっても信用保持のため、昭和6年6月6日東京織物問屋同業組合では埼玉・所沢織物同業組合の関係者と談合を重ね、風呂敷地の製織標準の改訂を行った。
＊註2

　第二次大戦中には縞風呂敷の生産を中止したが、昭和25年衣料統制解除後、鳩ケ谷・蕨地域では生産を再開し、以後昭和40年迄この縞風呂敷は全盛期を迎える。この時期、鳩ケ谷の織屋70軒、蕨地区20軒、

呼称	経糸番手×緯糸番手 / 経糸本数／吋間×緯糸本数／吋間	1尺8寸 鯨尺 67cm	2尺 74cm	2尺4寸 90cm	2尺7寸 100cm	3尺 112cm	3尺5寸 130cm	4尺 145cm	5尺 180cm
S印	スフ(レーヨン)30'S×スフ(レーヨン)30'S / 58本×42本								
寿印	綿糸20'S×綿糸30'S（但し3.5幅以上は20'S）/ 48本×42本		¥70	¥100	¥130	¥170			
福印	綿糸20'S×綿糸30'S（但し3.5幅以上は20'S）/ 51本×46本		¥80	¥110	¥150	¥200	¥270	¥370	¥550
特印	綿糸42/2×綿糸30 / 64本×53本'S	¥120	¥160	¥230	¥270	¥400	¥470	¥750	
用途		←（弁当包用）→	←（買物用）→			←（背負い運搬）→		←（布団包用）（収納用）→	
縞割		＜縞7対無地3の割合で片側縞の風呂敷＞				＜両端に無地を作り中央は縞で構成した＞			
備考		（無地分部には樹脂で名入を行い進物品としても多用された）							

木綿縞風呂敷規格表　（埼玉県川口市　浅見織物㈱資料提供による）

　＊綿20番手単糸＝20'S　綿30番手単糸＝30'S　綿42番手双糸＝42／2
　＊英国式番手　1番手は綿糸840碼の長さの目方が1封度。価格は昭和37年小売価格。

合計90軒の内過半数の織屋が縞風呂敷の生産に従事したのである。昭和30年、この地区の風呂敷地年間生産量は延540万mと推定される。当時はまだ風呂敷による人力運搬が盛んで、風呂敷が贈答品としても多量に使用され、街角のたばこ屋でも軒下に縞風呂敷を吊下げて販売し、国内いたるところで縞風呂敷を購入することが出来る迄に拡販されたのである。昭和40年代には、自動車による運搬が活発になり、運搬用具も袋類に変り暫時この風呂敷の需要は減じた。

　昭和50年頃に鳩ケ谷地区では自動織機（杼替自動交換式）が普及したが、昭和51年にヤマト運輸が日本初の「宅急便」取扱いを始め、昭和55年自動車生産台数は世界第1位になり、昭和56年には宅急便扱いが年間1億個を達成し郵便小包を超えるに至って、人力運搬が減少するとともに風呂敷背負運搬もなくなり、唐草の風呂敷と並んで大版風呂敷を代表した木綿縞風呂敷の生産は停止した。

　昭和60年代レピア・スルーザー・ジェット織機を導入し、生産効率を上げる努力が行われたが、再び縞風呂敷が製織されることはなかった。現在かって隆盛をきわめた木綿縞風呂敷の産地、鳩ケ谷地区に機屋はなく、蕨地区に5軒の機屋が残るのみ。

　　＊註1　普通織機（ドロッパー付杼替手動交換式）と呼ばれた。織幅36吋・44吋・50吋・58吋・65吋・75吋の6機種が使用された。
　　＊註2　検査合格品には各反物ごとに尺幅・製造者・取扱者名印を捺印し、製品は全てヤールだたみにし反物の両端（口織り）に地色以外の色糸を織込む。また東京織物問屋同業組合員は合格品以外の品物を取扱わないことを規定し、同年7月1日より実施した。昭和10年5月3日には鳩ケ谷・青梅の両織物工業組合とも追加協定を締結している。（埼玉織物同業組合は昭和9年3月解散になり、新たに鳩ケ谷織物工業組合が成立した）木綿縞風呂敷は昭和11年1月28日東京織物問屋同業組合の正規営業品目に組込まれ、関東機業産地業者と卸問屋の間において生地規格が統一された。
　　　　　縞風呂敷の規格寸法は12種（　）内はcm。
　　　　　鯨尺　1尺6寸(60)・1尺8寸(67)・2尺(74)・2尺2寸(83)・2尺4寸(90)
　　　　　　　　2尺7寸(100)・3尺(112)・3尺2寸(120)・3尺5寸(130)・4尺(145)
　　　　　　　　4尺5寸(170)・5尺(180)　で仕上り幅は1尺6寸〜3尺2寸迄は最大1寸(3.8)幅縮の範囲
　　　　　　　　3尺5寸〜5尺迄は最大1寸5分(5.7)幅縮と縮率範囲を定めている。
　　　　　　　　また丈寸法は幅と同長の正方形とした。

甲州八端風呂敷

　昭和初期に現在の山梨県都留市谷村町を中心とする地域で絹の先染3：1綾織物の風呂敷が生産された。
＊註1

　意匠はいづれも縞と格子であり、一部紋織の変化組織も行われた。緯糸はキブシを煮つぶした煮汁に浸漬し、この方法で緯糸を30％増量して織るため、独自の光沢と肌ざわり、絹鳴りのする風雅さを特徴とする風呂敷であった。織問屋では、これを「八王子織物のような反物」というところから八端風呂敷と呼称した。風呂敷サイズは鯨1尺8寸幅（68cm）、・2尺幅（75cm）・2尺4寸幅（90cm）・2尺
＊註3

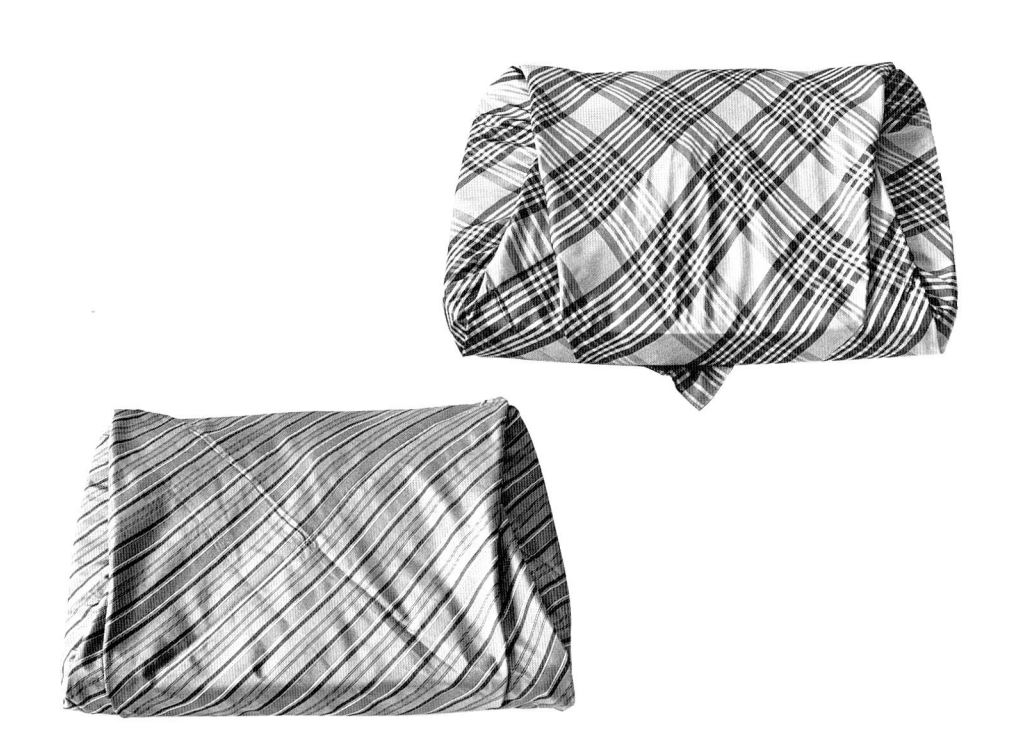

7寸幅（102cm）の4種類で、東京横山町や堀留などの繊維問屋にも納入されたが、主として関西で好評を博し、嫁入用風呂敷・結納中包み・衣裳包・訪問時の包みものなど先染高級風呂敷として需要が喚起された。[*註4]

　昭和30年代、この八端風呂敷は最盛期を迎え、この地域に於ける年間生産量は当時30万枚と推定されている。八端風呂敷が高級絹風呂敷としての位置をしめた結果、昭和35年には紬糸を緯糸に使用した八端紬の風呂敷も産出されるようになり、夜具地や座布団地と共に販売された。八端風呂敷は昭和45年頃迄好況を呈したが、問屋間の価格競争が起り、レーヨンと絹の交織やレーヨンの八端風呂敷を生産したため品質低下をまねき、また合繊風呂敷に圧迫されて、昭和48年のオイルショック以後、正絹八端風呂敷は衰微し、昭和60年にその生産は停止した。

　第2次大戦後の八端風呂敷は、唯一の正絹先染高級風呂敷として一世を風靡したのである。

*註1　経生糸14中×3本撚、筬羽鯨寸間80羽2本入り。緯生糸21中×3本撚、打込本数　鯨寸間200本の糸設計になる。第2次大戦後、八端風呂敷の経糸は21中×2本撚と変化した。

*註2　キブシ——生五倍子はヌルデの若芽や若葉に生じたコブ状のもので増量材として使用した。

*註3　八端とは、本来、八丈島絹の綾織を言い、江戸時代には八丈島からの貢絹の一つで、その後力織機の普及により八王子、米沢、そして谷村で量産された。ここでは、生産地で伝承されている名称起源を記した。

*註4　昭和37年〜38年、八端風呂敷の小売価格
　　　　75cm幅　￥550　　紬八端￥500　　朱子地￥500
　　　　90cm幅　￥800　　紬八端￥700〜￥500
　　　　102cm幅　￥1,200

印刷染風呂敷

　昭和3年、木綿の風呂敷に石版印刷技術を利用して捺染が行われた。図柄は、「英文毎日新聞」の一頁とハリウッドの映画雑誌の一部を入れたものであった。この技術を開発したのは、大正15年から京都市上京区で風呂敷製造業を営む野崎二郎（明治23年生まれ）である。彼の手記によれば昭和2年の秋、彼は北海道出張の帰途東京駅に下車、銀座を歩いていた。「カフェーやバーには大流行のジャズが鳴り（中略）道行く婦人やショップガールの化粧を見ても西洋人のタイプに近くなるように粧って居る。男子の服装を見ても九分通りまでは洋服だ、それから子供の洋服の可愛いこと。風呂敷はと氣をつけて見て居るが、風呂敷包みを持って居る人は殆どない。皆、買物は各商店のスマートな包紙にゴムバンドで留めたのを持って居る。如何にもよく似合ふと思って居る時に一人の洋服紳士が風呂敷包みを持ってこちらへ向いて来るのが目に留まった。行違い乍らよく見るとその風呂敷の色の不調和な事、何となく田舎いて居る。現在、我が商って居るものはこの紳士の持つものよりは幾分新しいかも知れないがあまり大差のないものだ。振り返って見送る其の姿がとても時代遅れに思われてならなかった。愈々風呂敷も現在の物では銀座街頭に進出する事が出来なくなるのみか、地方に影響して風呂敷滅亡時代が来るかも知れんと再び極度の悲哀を心から感じ乍ら重い歩を運んだ。（中略）とある銀行の一角に立ち止まった。丁度其の時ラッシュアワーで大勢の行員がせまい裏門から吐き出されるように出て来た。皆、洋服だなァとぼんやりと眺めて居った。一団の人は歩み去って行った。其のあとに一人遅れて足早に歩いて来る青年紳士があった。いかにも調った近代的な瀟洒な服装をして居った。フト見ると小脇にかかへられた小さな紙包み。其の時私の目はハタと此の紙包みに吸い附られた。紙包みは英字新聞で包まれて居るではないか。瞬間ピーンと来た。これだ此の趣向だ!!　此の紳士の跡を殆ど無意識に追った。勿論私の全神経は此の小さい紙包みに全部集中され乍ら。」彼はこの時を契機としていろいろ試作を重ね苦心の末、石版印刷による風呂敷を開発したのである。この風呂敷は「プリンス風呂敷」という商品名で大評判をとり、画期的な大量受注に対応することになった。彼は以後、印刷式捺染の研究を進め、従来の顔料印刷インクではなく、染料使用による印刷インクの研究を行った。この印刷インクの処方は、亜麻仁油に炭酸マグネシウムを混合したものと、染料をグリセリンに溶解させたものを混ぜ合わせたもので、これを石版印刷方法により生地上に印捺し、蒸熱処理を行い、次に直流電流を流した石鹸浴槽内に捺染布を通し、水洗、乾燥して製品仕上をするもので、この捺染法は昭和8年、平版印刷染色法特許になった。彼はさらにダンマルゴムを揮発油で溶かしたものと染料のグリセリン溶液を混合し、中に亜麻仁油を混ぜ、適当な粘りをもつ印刷インクに改良し、石版印刷によって捺染した生地を蒸熱後に揮発油で洗浄を行うという方法で昭和9年の特許出願公告になった。これは現在行われているリトグラフ版画の製作技術で、染料による印刷インクを使い、布に捺染するところに工夫が見られるのである。

　彼は昭和6年に5色刷りが可能な輪転式オフセット印刷機を導入し、昭和10年に人絹と絹の捺染に成功した。この技術は「化学捺染」と名付られ製品化された。

　化学捺染法の長所は、製版に彫刻を必要とせず紙の印刷と同様に細緻な描写表現が出来ること、写真またはボカシのような銅ローラ彫刻では困難な模様を簡単に表現出来ること、製版費用が廉価であること、染料泥の層が薄いため、ある程度まで重色効果が出し得ること、捺染糊は腐敗しないため長期保存が可能で、また糊層が薄いため経済的であること、亜鉛版の彫替再生可能なこと（60〜70回反復使用可

能だが銅ローラで30〜40回）などである。欠点としては、揮発油洗が必要、ナフトール及びバット染料などのアルカリを必要とする染料に不適当であること、蒸熱を２回必要のこと、ローラ替えに時間を要することがあげられている。

　終戦後の昭和27年、彼は野崎化学捺染㈱を創立、昭和33年には印刷顔料捺染に成功する。*註1 これは顔料と合成樹脂を混ぜ合わせ油脂を加えたものを印刷インクとして、オフセット印刷機で生地に印捺し、その後加熱処理（130℃×３分間）することで顔料を生地に固着させ製品に仕上げるものであった。この捺染法はナイロン・アセテートなど合繊の風呂敷製造に新しい展開をみせ、また輸出用の絹スカーフにも利用され量産が行われた。さらに昭和35年にはバット染料を使い平板印刷法により印刷した後、フラシュエージャーによって処理する精緻にして堅牢な捺染法を完成し、昭和36年この特許出願をしている。この頃はアセテート風呂敷の売行が良好で、グラフィックイメージをそのまま風呂敷に生かせる印刷顔料捺染は時代に求められるべき技術であった。

　近年、西陣の染織総合メーカーの㈱じゅらくがボストン美術館、大英博物館、デ・ヤング美術館、オーストリア美術館、オルセー美術館など絵画の特別許可を得て、レーヨン縮緬（70cm・45cmサイズ）に印象派のモネ・ルノアール・ゴッホなどの作品をオフセット印刷で染出し、総柄数22点を製品化し「絵画染風呂敷」として売出した。この風呂敷は現今の美術ブームに対応して好評を博し、平成元年６月〜平成４年４月迄の間に延生産数量は34万枚に達した。これは縮緬の凸凹の縮皺とオフセット印刷の再現性が効果を発揮し、風呂敷機能はもとよりタペストリーとしても購入動機を持つものになった。

＊註１　染織商工新聞　昭11.9.1.

台付ふくさ

　昭和初期、金封を包むための台付ふくさが出現したが大正期から昭和期にかけて、この包みものが考案されるべき時代背景があった。従来、人生通過儀礼や季節の贈答には広蓋や重箱を掛袱紗で覆い、その上から中包みや紋章入の外包みで包んで贈る習慣があったが、この時代になると満洲事変、日中戦争、第二次世界大戦など幾多の戦争で出征兵士を送る餞別、また英霊を迎えこれを弔う香典包など金封による贈答行為が多くなった。即ち金銭を奉書で包み、贈答目的を墨書し、慶弔水引を結んで、これを切手盆に乗せて羽二重や塩瀬地の掛袱紗で覆い、紋章入の包み袱紗や慶弔模様を表した小袱紗（単衣）・*註1 袷袱紗で包んで持参するようになった。*註2 この贈答様式を簡略化し、儀礼作法は従来通りに行える金封専用袱紗として開発されたのが台付ふくさである。台付ふくさは塗台板と袷袱紗を組合せた金封袱紗で、金封と同寸法であるタテ19cm×ヨコ12cmの矩形台板の片面づつを赤（慶事用）と鼠（弔事用）に塗り分け、慶弔両用に使用できるよう工夫されたもので、塗台板は袷袱紗の裏面にゴム糸を使い、着脱可能な状態に固定してある。定紋を入れる場合は塗台板の慶事面（赤）には金、弔事面（鼠）には銀で蒔絵付けされる。袷袱紗寸法はタテ33cm×ヨコ33cmに仕立てるが、北海道・関東地域では大形の金封包みを用いる場合もあるのでタテ22cm×ヨコ15cmの塗台板のものも販売されている。

昭和10年、京都市の芝李鉛がこれを製作し、実用新案のアイデア商品として（合）宮井伝之助商店で販売されたものである。1979年の台付ふくさの年間生産量は220万枚と推定されたが、1980年代になって商品券や各種金券を中元・歳暮時まで贈ることが普及すると、綴地や紋織地による金封ケース（袋物）が販売されるようになって、1992年には台付ふくさの生産量が年間120万枚に減少し、ここにも金封包から金封ケースという、包みものから袋ものへの移行現象が認められるのである。

*註1　手袱紗・懐中袱紗とも呼び、絹縮緬や絹紬地又は羽二重を染色した小風呂敷（45cm角）。
*註2　表地は絹縮緬・東雲・塩瀬の無地や友禅染を用い、裏地に羽二重、藤絹を袷仕立し、四辺に糸仕付をした袷風呂敷（45cm角）。
　　　こうした包み袱紗のことを昭和20年代までは一般に「小袱紗・袷せ袱紗」と呼んだが、昭和30年初頭に袱紗が物品税の対象品目に指定されたため、当時の袱紗・風呂敷の業界が形態の上から見た袱紗の定義を明確にする必要にせまられて、袷せまたは引返し仕立で、四隅に飾り房付のものを「掛袱紗・本袱紗」とし、単衣又は袷仕立てで飾り房のないものは「小風呂敷・袷せ風呂敷」の品名で取扱うことになり、物品税対策のために包み袱紗は呼称を変えたのである。

国華風呂敷

　包みものから袋物へ移行する過渡期の商品開発として位置づけられるものに国華風呂敷がある。
　昭和41年、東京風呂敷振興会がアンケート調査した結果は5枚以下18.3％・5〜10枚37.9％・10〜20枚24.2％・20枚以上14.0％・回答なし5.6％で平均一世帯あたりの風呂敷所有数を約10枚と考えると2500万世帯、実に2億5千万枚が保有され1億の国民が既に1人宛2.5枚を有することになる。業界にあってはこれまで以上に風呂敷需要が換起されるとは考えにくい一方で、昭和30年代末から40年代にかけて

国華風呂敷（アセテート）　国華風呂敷（ナイロン）　国華風呂敷Ｌ型（ミラープリント）

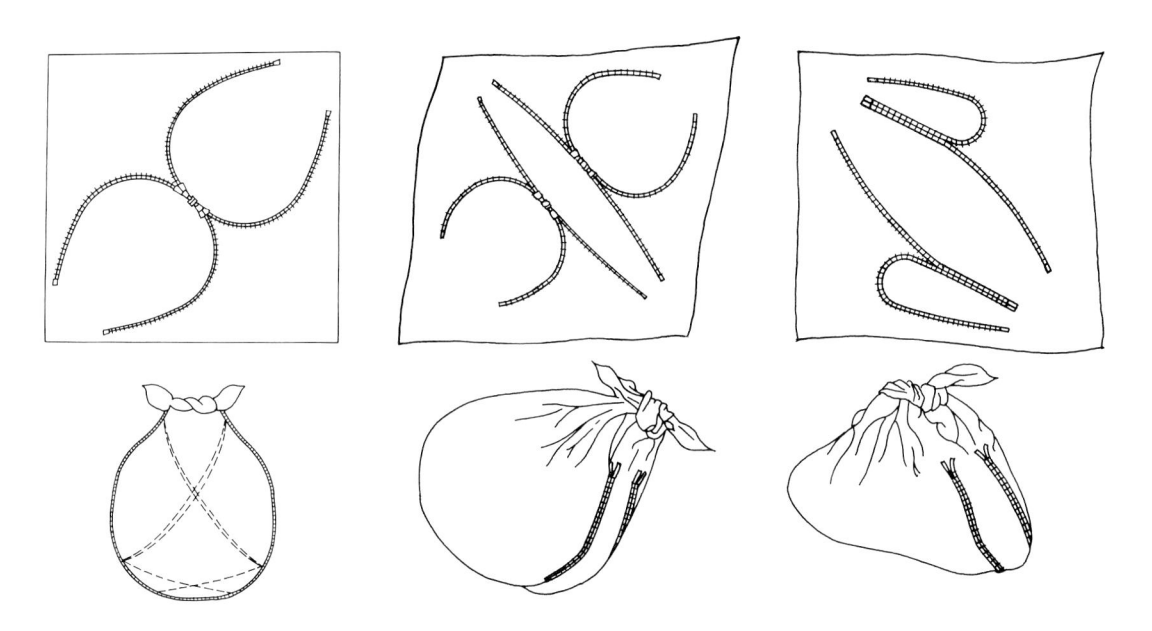

　百貨店の紙製手提袋とスーパーストアーのビニールサービス袋・布製手提袋の開発が活発になり始めた。こうした風呂敷から手提袋へ運搬用具が移行しつつある世相から、風呂敷卸問屋の宮井㈱はファスナーの開閉によって風呂敷にも手提袋にもなる８種類の風呂敷兼用袋の開発を行った。いづれも実用新案登録をして、この内３種類の国華風呂敷を全国百貨店を中心に販売し、昭和42年から52年に至る10年間に約400万枚を販売したが、消費生活が豊かになり兼用化から専用化への消費志向となって、47年以後は減少した。

　国華風呂敷のファスナーを縫合する位置は挿図の通りで、襠付(マチツキ)にすることによって風呂敷に包む容量よりも大きな物を収納する工夫もされたのである。ちなみに昭和41年の国華風呂敷小売価格はアセテート友禅染68cm幅￥400・ナイロンデシン友禅染72cm幅が￥500～￥600であった。

＊註１　　消費者1500名　回収率51％　回答率766通

包みものから袋物へ

　昭和40年代は、従来からの風呂敷使用が手提袋による垂下運搬に大きく変化した時期であった。

　昭和38年に伊勢丹百貨店が顧客に紙製手提袋のサービスを開始して以来、各百貨店・小売専門店でも同様のサービスを行うようになり、紙袋による運搬は急激に消費者間に浸透して行った。

　昭和44年頃には現代感覚のデザインによる紙製手提袋がいたるところで市販され、若者達が先を競って愛用するところとなり、紙のショッピングバックは流行現象を巻き起こした。昭和45年には渡辺製作所の手提用の角底袋製機が稼動し、毎分2000袋の高速生産を行い高度成長時代のデパートやスーパーの大量需要に対応したのである。これと同時期に、和装小間物メーカーを中心として製作された布製手提袋も多様な展開を見せた。布製袋は紙質強度に不安をいだく中年婦人層の支持を得て、百貨店には販売コーナーが設置され、急速にショッピングバックと呼ぶ袋物市場が構築されたのである。当時の布製手提袋の開発状況は㈱ヤマト屋の発展経過に見ることができる。

　明治25年、和装小間物をあつかう「大和屋」が東京浅草仲見世に創業し、戦後の昭和25年正田乙女氏が「株式会社ヤマト屋」に改組。当時「ハンドバック」以外に「袋物」といえば「はまぐり型」と「信玄袋型」の巾着しかなかった市場に、人絹縮緬の風呂敷地を素材とした「角底型」・「丸底型」・「小判型」などの新型を考案し、無地と柄で配色効果を上げた袋物を次々と発売した。これが三越や松阪屋百貨店に認められ、やがてヤマト屋は製造卸へと業務を拡大することになる。

　昭和39年、正田乙女は京成電車からあわてて降りようとした時に、風呂敷包みの中身をプラットホームにまき散らすという失態を演じ、これが契機となって、初のポケッタブルバックを東レ・ナイロンタフタの傘地を用いて開発した。この軽便性を有するバックは、当時発売された煙草のハイライトの大きさに小さく折りたたまれ、袋のポケットに収納される機能性と高級という意味を合わせて「ハイバック」＊図1と命名され、ヤマト屋の代表ブランドとなった。ハイバックは安価な防水加工素材を使用し、ファスナーの開閉による容積変化が可能で、袋底部には折たたみ傘も収納出来るという機能を持つ袋物としてもてはやされた。そのうえハイバックがプレミアム品（10万本）としてテレビでも宣伝されたところから、風呂敷の代替品として一気に市場を拡大したのである。

　昭和43年頃からこの「東レハイバック」の爆発的な売れ行きに刺激され、日本レーヨン㈱系列では新型ポケッタブルバックを開発。昭和49年頃には袋物製造業の優美社産業も参入して、相互に価格競争をくりひろげナイロン薄物バックは安価袋の代名詞の如きあり様となった。＊図2 ハイバックは発売以来、現在迄の27年間に約750万本を販売したのである。

　昭和43年、ヤマト屋は東レの合成皮革に手描蠟纈・絞り染めなどをほどこした新作を試み、これが＊註1 昭和45年以後次々と展開される新素材・新型バック開発の端緒となった。

　昭和45年、ヤマト屋では㈱三洋と東洋防水布㈱協力のもと試作を重ねて綿唐桟縞（着尺地）への塩化ビニールトッピング加工の開発に成功を納めた。このことは従来のゴム引コーティングの重さや酸化による劣化などによる欠点を解決し、これに加えて縫製加工の安易性、芯地の不要、完成品の型くずれ防止など多くのメリットを伴うこところとなり、布製手提袋の素材革命を行ったのである。この新素材を生かし、ファスナーの開閉によって、抱えバックと手提袋の2通りの機能をもつ袋物を開発した。これは販売以来3年間に亘り月産7万本を継続生産するヒット商品となった。＊図3 また手提袋の底辺のファス

図1 東レ・ハイバック
クサリで口元をしぼることが出来る。
反転すると本体が全てこのポケットへ収納される。
ファスナーの開閉で底部を上下に変化させて容積が変えられる。
ファスナーを閉じて内側に折りたたみこの中に折りたたみ傘を収納する。

図4 綿・エイト
袋内側の口元にファスナーのついた型が「ハイエイト」
ファスナーより下部を内側へ折込んで容積を小さく出来る。（折込んだ底部は傘入などになる）

図7 ニューナイロン マルチ型
ファスナーを開閉して容積が変る。

図2 ニチレ・チェンジバック
この部分より上部を内側へ折り曲げて布紐の中央を持ち上げると外観は巾着型に変り容積は小さくなる。

図5 ローケツ・ユーズ型
オープンファスナー
この二本のファスナーで両辺が結合され襠なしの袋になる。

図8 ニューナイロンWファスナー マルチ型
二本のファスナーを開閉して容積を変える。

図3 綿・ライク型
袋の内側に取付けた紐を絞り上げると手提になる。
ファスナーより上部を折り曲げて袋内側に入れファスナーを閉じると抱えバックに変化する。

図6 ローケツ・ソフト型
ホックで着脱可能な内ポケット
オープンファスナー
この二本のファスナーで両辺が結合され襠なしの袋になる。

図9 ニューナイロン メリー型
ファスナーを閉じると底部分が上に持ち上げられて容積が小さくなる。

ナー開閉によって容積が2通りに変化する袋物も次々に発売され、いづれも業界のヒット商品となった。このため一時は綿唐桟縞着尺のヤマト屋消費量が、綿唐桟の産地である館林の総生産量の過半を占めるまでに至った。
　　*図4

　昭和47年、塩化ビニール裏張り加工を綿ブロード蠟纈染風呂敷地にほどこした袋物を発売、さらに袋の襠部分にオープンファスナーを取り付けて、襠幅を調製出来る袋物が発売された。販売面でも日本橋三越の「呉服市」で上記の袋物コーナーの爆発的人気を契機として、呉服売場に常設の袋物ショップが増設され、風呂敷卸問屋の宮井㈱の販路を経て全国百貨店にこれが普及した。こうして包む文化を表象する風呂敷にとってかわり、袋物・鞄に表現される詰め込む文化の時代が定着したのである。このことは風呂敷卸問屋間においても必然的に布製袋を取扱うことになり、風呂敷販売の減少傾向がつづく一方で、皮肉なことに布製手提袋の販売によって総売上額は従来以上に増大したのである。
　　*図5　*図6

　昭和48年ヤマト屋では、手提袋中央に縦に装着したファスナーの開閉で横方向に容積が拡大する袋物や、袋底襠部分周辺にコの字型に装着したファスナー開閉によって縦方向にその容積を変化できる袋物を開発した。これら数多くの手提袋の開発はいづれも実用新案登録や意匠登録によって保護され、袋物関連のパテント総数はヤマト屋で900件を超すに至った。袋物業界を代表するものとしてヤマト屋を紹介したが、他の袋物メーカーもそれぞれに工夫をこらし研鑽を重ね、相互に競争意識をもって時代の需要に対応したのである。この時代の袋物の多くに、縞やローケツ染など風呂敷生地の使用や風呂敷のもつ容積変化可能の機能性を袋物に転化しようとする努力がうかがえるのである。紙製・布の手提袋、スーパー関係で配布するビニール袋の盛行は昭和40年代に風呂敷による人力運搬の習慣を袋に変え、鞄の普及とも相まって日常生活のなかで風呂敷を用いる運搬行為は暫時減少して行った。
　　*図7　*図8
　　*図9

*註1　　使用された合成皮革は東レの「デラクール・カプロン」

紋章入風呂敷の染色工程

贈答時の外包として用いる紋章入の風呂敷は、家系を表して冠婚葬祭時に多用される。全て受注生産である。

①――顧客名・納期・納入価格・納入先・検品印・素材・サイズ・紋章見本・ネーム書体・位置・配色・附帯品など注文要項を明記する。

②――白生地を定まった寸法（丈）に裁断し注文要項を渋紙札に明記し、裁断された白生地に添付する。この渋札は製品完成迄取り付けられ、各染色工程での作業確認に用いる。

②白生地裁断

③――白生地表面に青花（ツユクサの花の汁に浸した紙）で紋章・ネームを袋書き（輪郭を線で書く）する。

④――糯米粉を糊状にし、これに亜鉛末をまぜて防染糊とする。
糊置は下絵に従って、渋紙で作った筒の先に口金を取りつけ防染糊を入れ指で押出しながら、下絵の表裏防染部分に糊置きする。
これを筒描・筒糊と呼んでいる。糊置きの後、打合を防ぐため引粉（オガクズの細粉）をふり掛ける。

③④下絵描きと筒糊防染

⑤――糊置きした白生地を同色で染めるものだけ集めてつなぎ合わせ、伸子張りして木枠にはさみ張上げる。
呉汁（大豆のしぼり汁）を刷毛で布面に塗布し、染色むらや糊割れを防止する。

⑤呉引

⑥――刷毛に酸性又は直接染料をつけて布面に塗布する技法を引染と呼んでいる。
引染は生地表裏共に行なわれる。

⑥引染

⑦乾燥

⑧蒸熱処理

⑨水洗

⑩乾燥

⑦——糊割れを防ぎ布面を水平に保つため伸子を入れて乾燥する。

⑧——乾いた生地は蒸し枠に針掛けされ、蒸箱に入れる。
酸性・直接染料の場合は染料定着温度80℃程なので90℃～95℃の温度で約40分間の蒸熱処理を行う。

⑨——蒸熱処理された染生地は、水洗により防染糊や余剰染料を取り除いて、乾燥後色止剤などで処理され再び乾燥する。

⑩——紋章を上にして晴天の日は天日乾燥・雨天の場合は屋内で乾燥する。

⑪——規定の生地幅に調整し、布面のしわを蒸気で伸ばし布のゆがみをなおす。業界では湯伸しと呼んでいる。

⑫——生地の丈を定まった寸法に裁断する。

⑬——風呂敷の上下2辺を三つ巻きにしてミシン縫製し、プリントネームをつける。
プリントネームにはブランド名、品質表示、原産国表示、取扱い表示などが明記されている。

⑭——最終検品の後外箱・タト紙・説明書などの附帯品をつけて注文主へ配送される。

第6章
現代風呂敷活用法

高度経済成長と風呂敷

　第2次大戦直後から昭和30年代までの10年間は、敗戦による統制時代を背景に消費物資は欠乏し、食料の生産手段をもたない都市生活者は、衣料を農家で食物に変え、モンペ姿の主婦達が家族のために風呂敷で食物を背負って運んだのである。

　昭和30年代、高度経済成長の時代に入り商品のマスプロ体制が確立された。家計の収入は増し、昭和30年のエンゲル係数は47％、昭和40年は38.1％に低下した。企業が成長にともない関係先に宣伝もかねて配布する風呂敷の需要が増大した時期でもある。多くの合繊メーカーは新素材を発表し、メーカー商標により品質を保証された合繊風呂敷が市場を席巻したのである。然しながら多くの商標群は消費者間に誤認を生み、政府は消費者保護の立場から「家庭用品品質表示法」で組成表示を強制し、繊維名の統一、混用率や、表示者名の表記を定めて適正表示を義務づけた。この時期はデパートのサービス袋も未だ普及しておらず、まだ人力運搬をする風呂敷利用者は多く、実利的贈答品として風呂敷が使用された時代であった。経済的繁栄は人々の生活に「消費は美徳」という価値意識を植えつけ、消費行動が変化し、この状況は「消費革命」と呼ばれた。風呂敷はかつてない生産枚数を計上したのである。

　昭和40年代の消費者運動には生活者の立場から企業を批判する動きがあらわれて、昭和43年には消費者保護基本法が施行された。消費経済を享受した結果、公害問題は多発し、蔓延的ともいえるゴミ公害が起こり、昭和46年、美濃部都知事はゴミ処理の危機を議会で訴えるに至った。昭和40年代中頃は、紙製手提袋が高速生産され、デパート・スーパーストアーの大量需要に対応し、またさまざまな布製ショッピングバックが全盛を極めた。風呂敷の将来に対する不安感が業界に湧出するなかで、昭和45年万国博覧会で記念風呂敷の製造販売する許諾を協会に得る必要もあって、東京・名古屋・京都・大阪の四大織物卸商業組合に所属する風呂敷関係者が集い、日本風呂敷連合会を結成した。これを契機として、折からの消費者団体のゴミ追放運動に業界参加のかたちを取り、昭和47年11月には東京ふろしき振興会が「風呂敷でゴミ公害をなくそう」と一般に呼びかけ、日比谷公園から数寄屋橋迄パレードを行った。この翌年には大阪で同様のパレードを御堂筋で展開した。これは第一次オイルショックにも迎合して、省資源節約経済思想の提唱を行うことでもあった。この年、公正取引委員会では外国製品と国産品の誤認をさけるため、「不当景品および不当表示防止法」による「商品の原産国表示」を義務づけた。原産国の定義とは商品の内容につき実質的な変更が行われた国とし、織物の場合は製織、衣料品の場合は縫製とした。風呂敷は一部に韓国で絞り加工をしたものもあったが、ほとんど日本製と表示され業界内の混乱は起こらなかった。昭和49年任意表示ではあったが、工業標準化法による「繊維製品の取扱い表示記号の表示法改正」が行われた。通産省は「風呂敷は洗濯出来るものと出来ないものとが混在する商品で、その取扱いについては消費者間で一般認識があるため表示しても、しなくとも良い」との見解を示した。然しながら核家族化現象によって、父母から子へまたは孫へと生活の知恵が伝承される機会が希薄になり、世代を追うごとに一般常識は常識でなくなる傾向が予想されたこと、またクリーニング業界、風呂敷小売店、卸問屋及び製造メーカー間の消費者に対する事故責任を明確にする必要もあって、51年頃から自主的に風呂敷に取扱い表示を実施する企業も出た。百貨店にあっても納入前検査制度をもうけ、品質管理基準を設定し、自社検査室も設置して消費者要求に対する企業姿勢を見せたのである。風呂敷に取扱い表示をつけるようになった結果、木綿に多用された直接染料・硫化染料・不溶性アゾ染料はイ

ンダレスレン染料や反応性染料へ移り、合成繊維類も分散染料を用いることが多くなり、ポリエステル転写捺染の多用化も行われて、風呂敷の染色堅牢度は向上した。

　昭和60年に入ると街角での風呂敷運搬は見られなくなったが、それでも風呂敷総生産数は5000万枚、市場は500億円と推定された。この年の婚礼数は77万組で、引出物を包むナイロンぼかし浸染の風呂敷生産は約2300万枚といわれている。この頃から風呂敷業界では販売促進の方法として、またゴミ公害対策の訴求も兼ねて、得意先での催事やきもの教室、その他文化教室において風呂敷の包み方を一般生活者に指導提案することが盛んになり、テレビ・新聞・家庭雑誌も和の文化を表現する一素材として風呂敷を取り上げる回数が増した。風呂敷は、自然環境保護・地球保全を希求する思想背景と融合しながら静かなブームを巻き起こした。昭和63年には横浜シルク博物館主催、日本風呂敷連合会協力により「ふろしき今昔展」が開催された。その時、ふろしきのアンケート調査も行われ2330名が回答した。アンケート結果を円形グラフに表すと下記のようになる。

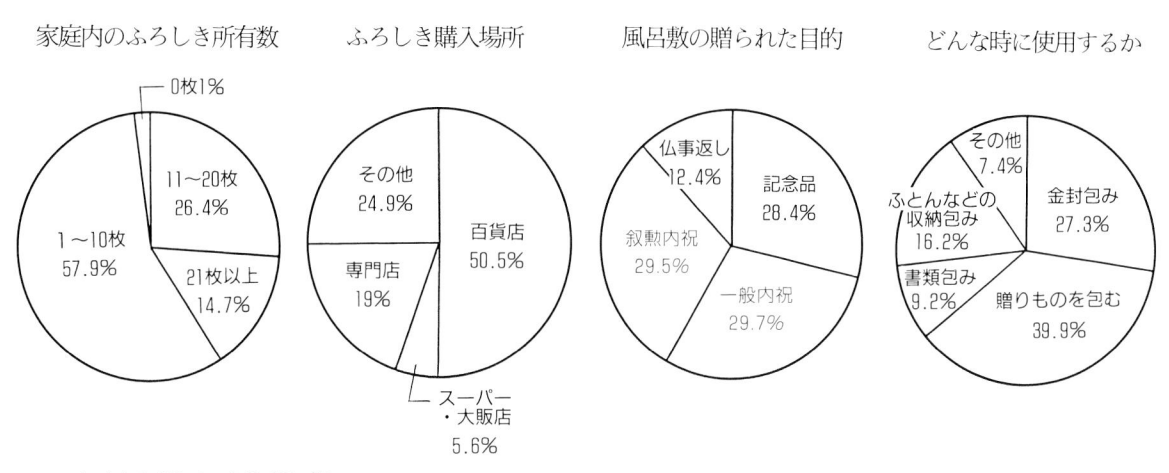

家庭内のふろしき所有数
- 0枚 1%
- 11〜20枚 26.4%
- 1〜10枚 57.9%
- 21枚以上 14.7%

ふろしき購入場所
- その他 24.9%
- 百貨店 50.5%
- 専門店 19%
- スーパー・大販店 5.6%

風呂敷の贈られた目的
- 仏事返し 12.4%
- 記念品 28.4%
- 叙勲内祝 29.5%
- 一般内祝 29.7%

どんな時に使用するか
- その他 7.4%
- 金封包み 27.3%
- ふとんなどの収納包み 16.2%
- 書類包み 9.2%
- 贈りものを包む 39.9%

風呂敷と消費者

　「風呂敷は、もらうもの・あげるもの」という消費者認識があり、従来贈答品として位置づけられて来た。関西では婚礼内祝・快気祝・叙勲内祝、関東では仏事返礼、などの答礼品として多用されている。贈答品として風呂敷が選定される要因は次のようなことである。

① 購入予算に応じた幅の広い価格ランク。

　地域的慣習で程度の差はあるものの、慶事の答礼金額は贈られた金品の2分の1、弔事返礼は3分の1、また企業が関係先へ配布する記念品においても、社会通念による予算額が定まって購入するため、風呂敷は予算に合わせて自由選択出来る。

② 種々な贈答目的に対応。

　一般に贈答目的はのし紙の上書きによって表現するが、これとは別に柄，色，素材によって贈る人の気持ちを間接的に表現する方法が贈答センスとしてあり、祝儀には吉祥文様を、不祝儀には上品で落ちついた仏事関連の柄を、また贈る季節に合わせてその折々の季節感を表現した品々が選ばれる。風呂敷には実に多種多様な柄、配色が必要となり、風呂敷メーカーでは毎年6月頃に何千種類にものぼるデザインを発表し、8月末からその年の新柄として各販売店で展開している。

③ 短期間で生産ができ、小量受注も可能。

　賀の祝、叙勲記念の内祝、現代風俗を反映したものではゴルフホールインワン記念などに、当事者の筆になる書画、または状態や行程を示すための地図を特別に染めて配布されることが多い。このような場合は個人のことでもあるので小量注文、しかも短期納入が必要である。こうした進物要望に対する生産機能をメーカー側では有していて、極端な場合は1枚でも約1ヶ月以内で調製している。これは風呂敷の染色加工をほとんど手捺染で行うため可能なことであり、自動染色機を使用する場合は3000m程度の受注数を必要とする。

④ 名前や記念文字など、印入れの簡便さと長期にわたる宣伝効果。

　各地問屋では自社の屋号や登録商標を風呂敷に印入れして中元、歳暮時に御得意先に贈る風習がある。現在のようにマスコミによる広告媒体のなかった昔の商人達の宣伝方法は、実に風呂敷に屋号、所在地、商標などを印入れして配布することであり、現在各種生産メーカーの多くが配送ダンボール箱に企業名を印刷して使用しているのは、かつての配送用具であった風呂敷による宣伝手段の系譜と見ることができる。

⑤ 実利性と誰もが使える普遍性。

　結婚の祝物などでよく目ざまし時計や食器セットが重複して贈られ、とまどうことはわれわれの周囲に散見することである。このようにいくら実利的なものであっても、同じものが重なると贈答効果は半減する。故に進物品の多くは残るものや嗜好性の強いものを選びにくく、食料品や洗剤などの消耗品が利用されやすい。方形布帛の家庭用品の中で風呂敷を始め、ふきん、御膳掛、ハンカチーフ、シーツなどは、誰もが使える普遍性と実利性がある。現在、家庭内什器は充ちたりて、リサイクルショップや消費者バザーで消化されているが風呂敷はかさばらず、贈答者のメモリー効果も付加されているため、何枚重複して贈られても邪魔にならない。

　自分が使用する風呂敷の購入動機には次のような場合が考えられる。

① 家庭備品として。

　最も代表的なものは紋付風呂敷であり、これは袱紗と相互関連して使用される。また嫁入道具として購入される正絹縮緬友禅風呂敷。押入れに季節の寝具類を包んでおくための5幅、6幅の木綿風呂敷なども各家の必需品である。

② お洒落用、自己表現の素材として。

　自分のセンスで衣服や季節に合わせた風呂敷を購入したり、また好きな花、人形、名所などの意匠をつけた風呂敷を持つという個性的消費がされている。

③ 創作素材として。

　風呂敷の多種多様性を利用して、世界に一つのオリジナル性に富んだ衣類を作る楽しみのために、また有名作家の創作になる風呂敷で飾額、テーブルセンター、壁掛け、のれんなどインテリヤアクセサリーに再製する楽しみのため。

④ 催事記念のために。

　記念切手や記念メダルと同様な意味合いにおいてオリンピック、万国博、沖縄海洋博など、国際的行事には必ずといってよいほど記念風呂敷が販売される。開期中だけに販売されるもので記念にまたお土産として。

⑤　その他。

家々での粗品やまた「お多芽」として買い置きする。

　平成4年6月12日、「布製ショッピングバック」がエコマーク認定商品になり、同等の機能を有する風呂敷についてもエコマーク使用が（財）日本環境協会において認可された。以前には風呂敷は公害や環境破壊とは無関係であるという理由から、エコマークの対象外とされていたのである。然しながら大量消費、大量廃棄型社会に対する反省と再検討がなされ、風呂敷はゴミ公害や森林破壊防止や省資源など地球保全に役立つものと認識されたのである。それまでのマーク認定は、新しい開発商品に限られたなかで、既存の商品としては異例の認定となった。

　風呂敷につくエコマークは「ちきゅうにやさしい」「くりかえし使える」の文字がマーク外輪の上と下に入り、正円内には地球と環境（ENVIRONMENT）及び地球（EARTH）の頭文字「ｅ」が人間の手で表現される。このマークは「私たちの手で地球を、環境を守ろう」を意図するものである。風呂敷業界ではエコマークのサイズ・配色・表示位置などを統一している。

ちなみにエコマーク認定条件は、

① 　くり返し使用可能な材料で作られていること。（天然繊維・合成繊維）
② 　15000㎠以上の容量を有すること（風呂敷サイズにして68cm×68cm以上の大きさ）。強度は使用時10kg以上の品物の運搬に耐え、300回以上のくり返し使用が可能なこと。
③ 　素材及び製品は、家庭で容易に洗濯可能なものであること。
④ 　素材中に有害物質、及び廃棄時に有毒物質を発生する物質を含有していないこと。
⑤ 　商品は材質、形状、ブランド名で分類し、色、大きさの違いを有しても同一品名とする。（「ふろしき」で統一する）
⑥ 　マーク使用者及びその住所を商品または包装に表示すること。

　普遍的な一枚の方形布帛である風呂敷は、いつの時代思想にも適応しながら使われて来たのである。

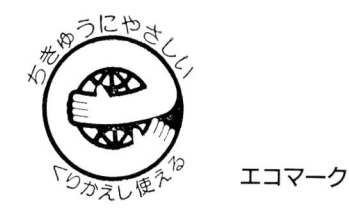

　　　　　　　エコマーク

＊註1　　総理府「家計調査」（人口5万以上の都市、全世帯）による。

記念風呂敷　1964～1975

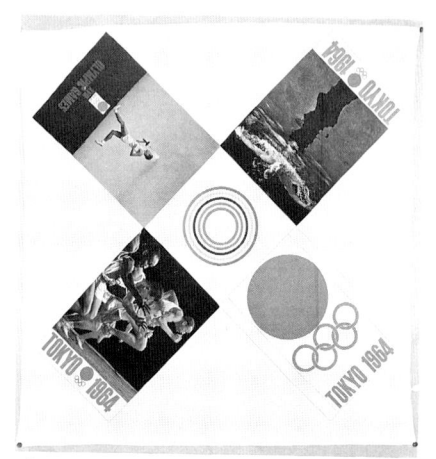

①1964年　第18回オリンピック東京大会
ナイロンデシン・オフセット印刷2幅（72cm）
オリンピックポスター4種

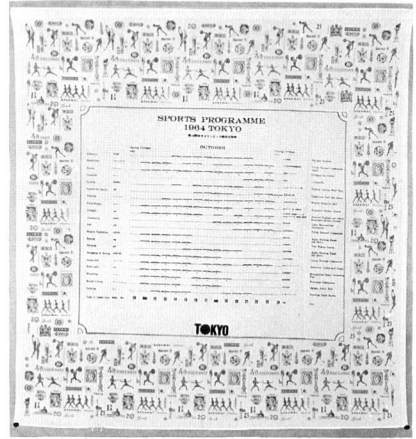

②1964年　第18回オリンピック東京大会
ナイロンデシン・オフセット印刷2幅（72cm）
競技種目日程表

③1965年頃　アーノルドパーマー（Arnold Palmer）
ナイロンデシン・オフセット印刷2幅（72cm）
ゴルフスウィング分解写真

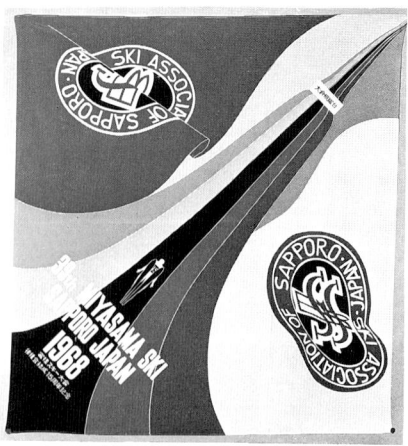

④1968年　宮様スキー大会（札幌）
ポリエステル友禅染2幅（72cm）
後援会結成15周年記念

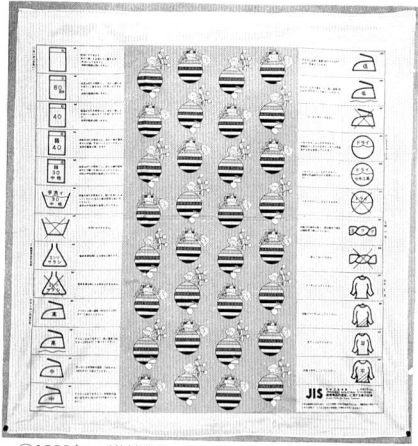

⑤1968年　繊維製品の取扱いに関する表示記号
ナイロン・オフセット印刷2幅（72cm）
JIS・L0217-1968消費者に対する啓蒙用

⑥1969年　米国アポロ11号月面着陸記念
ナイロンデシン・オフセット印刷
APOLLO profile of the Apollo 11 Mission

下記の他に市町村合併・農協〇〇周年・保険満期記念・銀行・各企業創立記念・幼稚園卒園・選手名を入れたプロ野球日本シリーズ優勝記念・個人使用のものではホールインワン・賀の祝・叙勲内祝・故人の書画を染出した偲び草などいずれも記念的意味において生産される風呂敷は多い。　（資料提供　宮井株式会社）

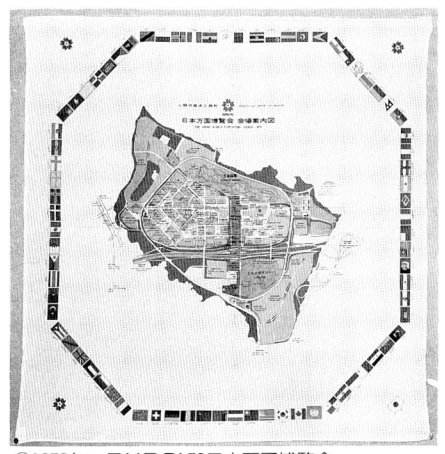

⑦1970年　EXPO'70日本万国博覧会
ナイロンデシン・オフセット印刷2幅（72cm）
会場案内図

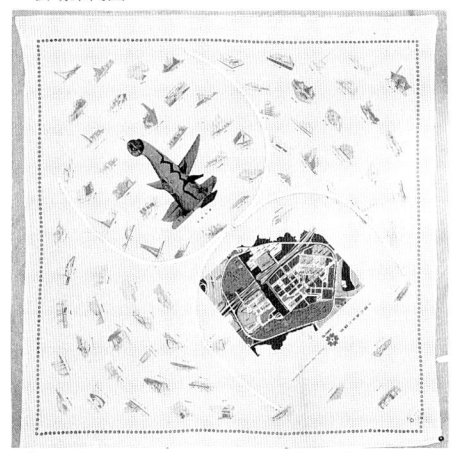

⑧1970年　EXPO'70日本万国博覧会協会
ナイロンデシン・オフセット印刷2幅（72cm）
国華風呂敷仕様

⑨1972年　C622特急つばめ
ナイロンデシン・オフセット印刷2幅（72cm）
ＳＬブーム（C6225はと）（D51）も商品化された

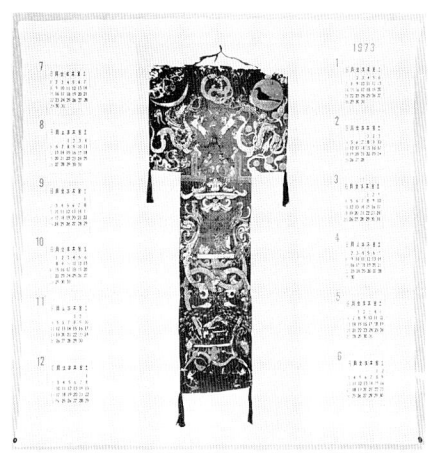

⑩1973年　中国湖南省長沙馬王堆1号漢墓出土品、衣裳カレンダー
ナイロンデシン・オフセット印刷

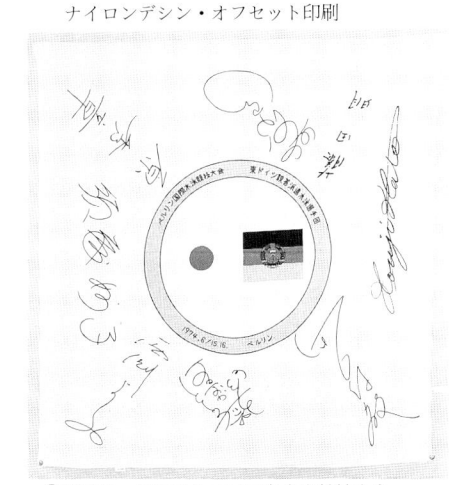

⑪1974年　6月ベルリン国際水泳競技大会
ナイロンデシン・友禅染2幅（68cm）
東ドイツ親善派遣水泳選手団

⑫1975年　EXPO'75
沖縄国際海洋博覧会協会
ナイロンデシン・友禅染2幅（72cm）

風呂敷の基本的な構図

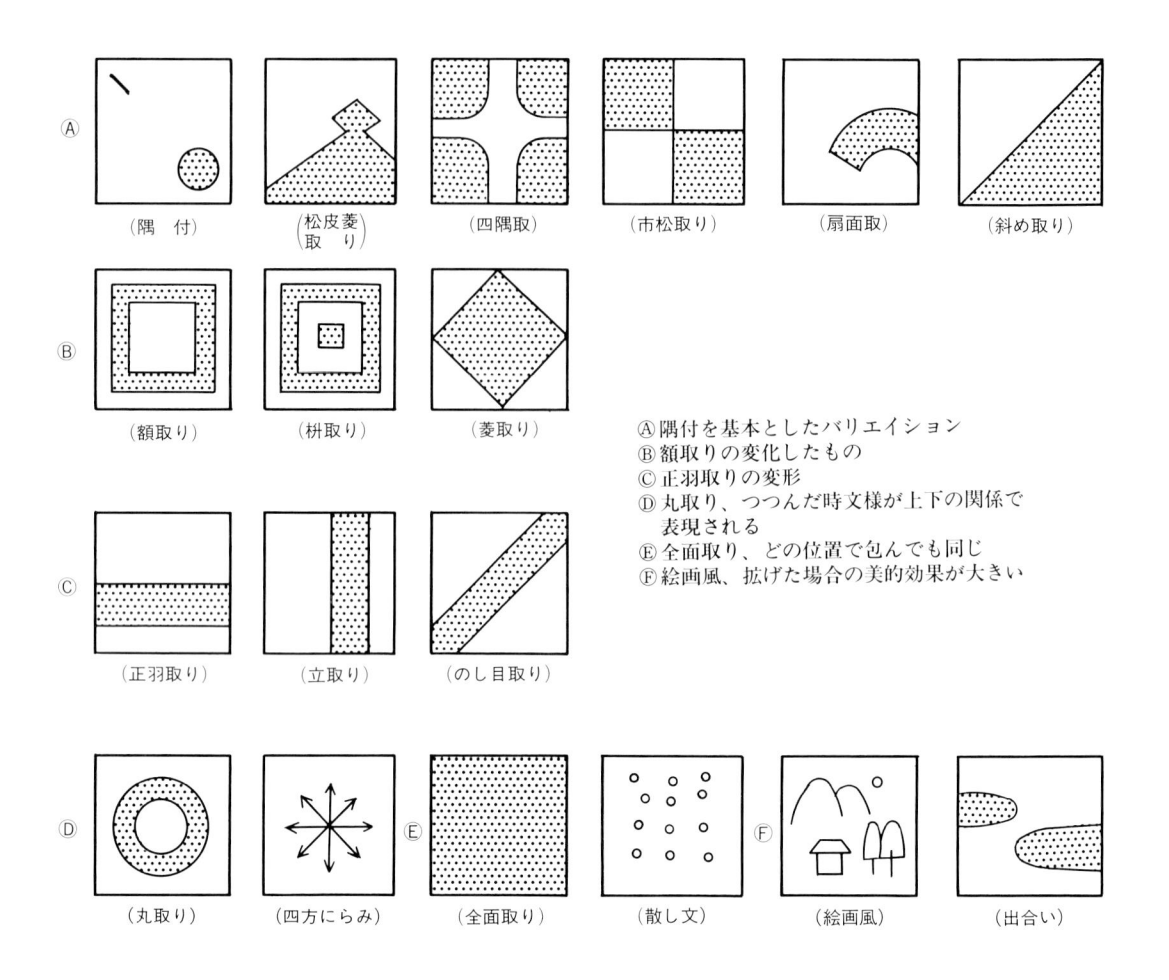

Ⓐ 隅付を基本としたバリエイション
Ⓑ 額取りの変化したもの
Ⓒ 正羽取りの変形
Ⓓ 丸取り、つつんだ時文様が上下の関係で表現される
Ⓔ 全面取り、どの位置で包んでも同じ
Ⓕ 絵画風、拡げた場合の美的効果が大きい

Ⓐ （隅付）（松皮菱取り）（四隅取）（市松取り）（扇面取）（斜め取り）
Ⓑ （額取り）（枡取り）（菱取り）
Ⓒ （正羽取り）（立取り）（のし目取り）
Ⓓ （丸取り）（四方にらみ）
Ⓔ （全面取り）（散し文）
Ⓕ （絵画風）（出合い）

　風呂敷は方形布帛であるため、形態デザインを変化するということはできず、その商品価値は、意匠文様、配色、構図の効果に期するところが大きい。文様に関しては種々のレイアウトが試みられるが、その多くは風呂敷を広げたとき、あるいは包結したとき（使用形態）の美的効果が考慮され、長い間に一定の様式化された構図を取るようになった。

基本的な構図に関する考え方はⒶⒷⒸⒹⒺⒻで、この内風呂敷を拡げた時の効果があるのはⒻで、包結したときにはⒶⒸⒹが思わぬ個性を発揮する。

また包みもの、敷きもの、掛けものなど風呂敷を多目的に使用する場合はⒷⒺのレイアウトが無難に使えて便利である。儀礼贈答時に使用される紋章風呂敷は（隅付け）で紋章の直径は生地幅の6分の1対角線上に紋章を中に向け風呂敷を四つ折りにした中央に位置づけることになる。木綿縞風呂敷は（立取り）、天竺木綿唐草風呂敷は（全面取り）に構成されている。

風呂敷の包結方法

瓶包み・巻き結び・すいか包み・平包み

	お使い包み	隠し包み	二つ結び
◎包結方法は現在の呼び名に従った。 ◎ここに示す包結方法は主として腕上・垂下・肩上運搬により使用されている。 ◎「平包」とは風呂敷の古名称であるとともに現代では包み方の呼称としている。即ち結ばずに平たく折りたたむ包み方をいう。（30頁参照）	①お使い包み＝名称の通り最も一般的な包み方で菓子折・弁当箱など四角い物を包む時に用いる。 　風呂敷の中央に品物を置き図の順番に包み込む。折りたたむ時に風呂敷の辺を内側に引込むようにすると風呂敷は品物の形にそって美しく包むことが出来る。品物の最長辺の3倍の対角線を持つ風呂敷寸法が適切なものとなる。	②隠し包み＝フォーマルな包み方は金封包のように平包みの状態が一般的となるが隠し包みは外観が結び目を見せずに平包みのごとく見えるところに特徴がある。訪問時の手土産や改まった進物時に適切な包み方である。 　対角線両隅をま結びにして他の隅をこの結び目の下にくぐらし、対する隅は結び目の上を覆って包み込む。	③二つ結び＝軸箱、細長い筒型の品物など、相対する隅が結べない時の包み方。 　品物を風呂敷の中央に置き図の様に長い方の隅を結んで2つの結び目を作って包結する。二つの結び目の長さをそろえるようにすると品が良い。

ひっかけ結び	巻き結び	瓶包み	すいか包み
④ひっかけ結び＝平らな長方形の品物を包むときに用いる。 風呂敷中央に品物を置き同一辺上の隅を結ぶ。結ぶ一方の隅がとどかない時に多用される。表には結び目が二つ出来る。	⑤巻き結び＝反物、瓶など円筒形のものは図のように巻き込み二隅を品物の中央でねじり裏へ廻して結ぶ。結び方はしっかりとま結びにする。	⑥瓶包み＝瓶類は液体を入れるため、巻き結びにすると流れ出す場合もあるため瓶は風呂敷中央に置き相対する隅を瓶上でま結びにする。残った両隅は交差して前で結び目を作る。	⑦すいか包み＝球型のものを包む時に便利。共通する辺の隅をそれぞれ結ぶ。一方の結び目に他方の結び目をくぐらせて引張ると品物は固定される。落とすと割れやすいものは全てま結びにすることが望ましい。

風呂敷関係年表

		染 織 技 術	風 呂 敷	周 辺 事 項	備 考
明治 元年	1868				8月明治維新
3	1870	京都にドイツから始めて化学染料が輸入される			
4	1871		『新規究理染呂敷傳法』正画堂発刊（唐木綿顔料型刷染法による教本）		
5	1872				我国人口約3400～3500万人
6	1873	フランス派遣の伝習生 佐倉常七・井上伊兵衛帰京、洋式織機ジャガード・バッタン・紋彫機を持ち帰る		大阪御用商人の山城屋和助 フランスよりカバンを持帰り、職長森田直七これを模倣して我国初のカバンを作る	
12	1879	白川友禅の創始者堀川新三郎は元・広行社工場を引き受けてモスリン友禅等を開始 広瀬治助が色糊法の発明で友禅染に大変革をもたらす また塩基性染料・酸性染料をモスリン友禅に使用する			
13	1880	堀川新三郎 地引糊法を完成 ドイツの直接染料輸入される 北村治兵衛 型地紙燻蒸法を発明			
14	1881	「しごき」と称される写糊法が行われる		第2回国内勧業博覧会に「手提丸型カバン」・「畳身カバン」出品される	
19	1886	直接染料の輸入始まる			
20	1887	稲畑勝太郎 水洗機を発明		「手提式角型カバン」・「トランク式カバン」出まわり始める	
22	1889			合財型の旅行カバン出まわり始める この頃ビール瓶・ラムネ瓶・醤油瓶が製造される	特許・意匠・商標条例施行規則発布
23	1890		第3回内国勧業博覧会に更紗染風呂敷・友禅染風呂敷・木綿風呂敷・蕗摺風呂敷など出品される	抱えカバンが議員間に普及	
24	1891	稲畑商店は硫化染料を輸入		信玄袋流行、女持手提鞄使用され始まる	我国人口4000万人
25	1892	バッタン普及し能率3倍 初めて人絹糸紹介される			
26	1893				度量衡法施行
27	1894	大阪天満染工場ヂッガー機・シルケット機を完備してモスリン及び綿布浸染を行う 機械製糸生産高、座繰製糸を凌駕する			
28	1895		第4回内国勧業博覧会に瓦斯糸織風呂敷・茶色染金巾風呂敷・更紗金巾風呂敷地・友禅風呂敷地・温泉染風呂敷・モス風呂敷紫紋染など出品される		
29	1896	豊田佐吉 小幅綿織物用、木製動力織機の発明			
30	1897	この頃から力織機普及し始める		スーツケース始めて出現 ガラス瓶の一般化	
31	1898	京都堀川捺染工場で機械捺染を行う		高島屋包装紙登場する	
32	1899	五二会京都綿ネル株機械捺染を使用			著作権法施行令
34	1901	山口正久 鉄製ローラーの彫刻方法を案出 ローラー彫刻技術我が国に伝わる菅野松次郎が着尺綿布の簡易捺染を始める（鉄ローラ使用） 高橋亀太郎が動力による凸型捺染機を以て両面捺染の処理を発明			
35	1902	着尺綿布の捺染が始まる			
36	1903	シンガーミシン輸入される 京都武田彫刻所設立捺染用銅ローラ型をつくる。	第5回内国勧業博覧会に甲斐絹風呂敷・模造ハンカチーフ風呂敷・雙合縞風呂敷・絹綿交織京桟風呂敷・天竺木綿手綱風呂敷・金巾本染中型風呂敷・金巾本染両面風呂敷・金巾染分風呂敷模様・羽二重金巾有職本染風呂敷など出品される		

		染織技術	風呂敷	周辺事項	備考
38	1905	豊田佐吉　自動織機を完成	天竺木綿小幅、直接染料浸染風呂敷の量産化	「平屋根型」・「丸屋根型」・「鞍型」など新型カバンが出る	
39	1906	日露戦争後、力織機使用の独立機業輩出　小幅から広幅、手織から力織機へ移行			日露戦争終る
40	1907	久村清太　ビスコースの研究に着手	殆どの日常運搬には風呂敷が用いられる	新聞紙包みが珍しい時代　赤玉ポートワイン・キリンビール瓶詰の販売	
41	1908			「平箱（アタッシュケース）」流行	
42	1909	綿糸の輸出額が輸入額を上回る　生糸輸出量世界一となる			
43	1910	服部捺染工場、中形で綿布の直接捺染を始める　（動力式小幅両面2色機を設置）	埼玉県蕨地区で木綿縞ふろしきの生産始まる		
44	1911	この頃、空引機がジャガードにかわる	東京青梅地区で木綿縞ふろしきの生産始まる	三越の包装紙登場する（パラフィン紙にセピアインク一色の印刷）	
45／大正1	1912	鶴巻鶴一　ローケチ染新法を発明		カス紙の袋21種り　二つ折鞄の利用多くなる	我国人口5000万人
2	1913			商品としての紙袋が出来るようになる　1人の女性日産5000枚～1万枚　手間賃1000枚貼って4銭5厘～15銭　手張り製袋業者の大手四社在り	
3	1914	与田銀次郎が硫化染料の黒の製造に成功　三井鉱山　三池焦焠所、アリザリンの製造を始める			第一次世界大戦始まる
4	1915	硫化・酸化・酸性・媒染染料国産化起る			
5	1916	国産人絹糸の製造始まる（ビスコース法）　豊田式自動織機、特許を得る　杉本練染株が循環式精練漕、特許を得る　直接・塩基性染料国産化起る		日本硝子でビール瓶の全自動製瓶が行われる	
6	1917	木捺染協会創立　日本染料製造会社設立　クローム・アゾイック・油解染料国産化			1918　第一次世界大戦終結
9	1920	インジゴの国産化始まる	京都木下商店で2幅・2、4幅用型紙発売	森本商行がファスナーを輸入する	
10	1921	福井で人絹交織ポプリン生まれる　ナフトール染料輸入される	埼玉県鳩ケ谷・蕨地区で広幅自動織機で木綿縞風呂敷を生産し始める		尺貫法をメートル法に改正
11	1922	ドイツ染料が殺到したため、市場が混乱し業者の破綻続出	揚板写友禅の量産化による正絹ふろしきの生産		
12	1923	スクリーン捺染開始　家庭染料この頃より登場		一升瓶が全自動製瓶となる　紙袋貼の機械化	関東大震災
13	1924	力織機数が全織機数の過半に達す		ボストンバック売り出される　三つ折バック・口金付ハンドバック流行	
14	1925	国産人絹糸の販売を始める（西陣糸商）　ナフトール染料の国産化始まる			
15／昭和1	1926		昭和初期スフ・綿の折包一般化する　（昭和30年代迄生産継続、以後ナイロンぼかし風呂敷に変る）　この頃八端風呂敷、山梨県都留市谷村町で製織され始める	レザークロス使用のカバン、スポーツバック出始める　アッパッパ流行、モガ・モボ出現	我国人口6000万人
3	1928			初の国産ファスナー販売される　「ファイバーカバン」市場に出廻る	
4	1929	キュプラ人絹の生産開始　硫化・バット染料の国産化起る	モスリン友禅・藤絹・白山紬・銘仙の風呂敷の販売		
5	1930	転写捺染本格的に研究が進められる　ハイドロアルフイトの製造を日染で完成	富士エット・スパンレーヨン・レーヨン紬・エット無地の風呂敷の販売	自動製袋機による紙袋の量産化　「登山袋」を「リュックサック」と改称する　ゴルフのキャディバック出廻り始める	
6	1931	帝人米沢工場でスフ生産開始	台付ふくさ発売　6月東京織物問屋同業組合と埼玉・所沢織物同業組合が綿縞風呂敷の規格を決定（12種サイズ）		満州事変始まる
7	1932	野崎二郎　輪転式亜鉛ローラのオフセット印刷捺染の工業化に着手	天竺木綿の2幅・2、4幅で塩基性ローラ捺染の唐草風呂敷を大量生産化		
8	1933	綿紡各社、人絹部門へ進出		渡辺製袋所がクラフト紙による米麦袋の特許を得る	国際連盟から脱退
9	1934	中島友禅工場　三面回転式スクリーン捺染機完成　スクリーン捺染の普及　綿織物は輸出第1位を占める			

		染織技術	風呂敷	周辺事項	備考
10	1935		5月東京織物問屋同業組合、鳩ケ谷・青梅織物工業組合と木綿縞風呂敷の規格を協定し締結する 台付ふくさ(実用新案)発売(合)宮井		
11	1936	野崎二郎 東洋化学染工(株)をおこす 日本綿布が世界の綿布となる			我国人口7000万人 226事件
12	1937	京都捺染ロール彫刻工業組合の設立		セロハン袋(食品・たばこ・薬品・繊維包装用)でまわる	日中戦争勃発
13	1938	綿糸・生糸・ステープルファイバー人絹など配給制度実施		7月1日公布「皮革使用制限規則」により皮革使用全面禁止となる	
14	1939	スクリーンの捺染一般化見えはじめる(第2次世界大戦以後本格的に普及)			
15	1940	7／6 七七禁令(奢侈品等製造販売制限規則公布、7／7施行商工省・農林省)			国民服の制定実施 企業整理統合要網決定
16	1941	以後物資の統制令が公布される 東レ、カプロラクタムの合成、重合、ナイロン紡糸に成功	統制令で風呂敷の生産極端に減少、または停止する		第2次世界大戦勃発(太平洋戦争) 民需の衣料生産極度に制限される
18	1943	自動スクリーン捺染機の特許を得る(一ノ瀬式) この頃から中形の名称は注染となり、伝統的手法のことを長板中形と呼ぶようになる			
20	1945				第二次世界大戦終結
22	1947	この頃ローラー式糊付機が普及 日窒、アセテート糸生産開始			4／14独占禁止法公布
23	1948	大洋友禅でオートスクリーン捺染機が設置された(一ノ瀬式)			我国人口8000万人
24	1949	生糸・絹製品・人絹織物の価格統制撤廃 米国アリダイ社からピグメントレンジカラー導入される			
25	1950	ナイロン、ビニロン工業生産開始、綿製品自由販売となる 分散塗料が輸入されるようになる	風呂敷業界の統制解除により各種風呂敷の生産再開す	牛革の抱えカバン・ボストンバックが出廻る	朝鮮動乱勃発 糸ヘン景気
26	1951	東洋レーヨン(株)米国デュポン社からのナイロン生産技術導入を認可される この頃アセテート、ベンベルグ人絹糸が本格的に使用され始める	この頃、人絹縮緬板場抜染風呂敷の生産(都#150)	カバン業界にビニール素材進出 ショルダーバック流行	
27	1952		エット抜染友禅風呂敷の最盛期 ¥60	高島屋百貨店バラの包装紙になる	
28	1953	東レ、ウーリーナイロン製造		東洋レーヨンのナイロン素材で(新川柳商店)現在エース(株)がナイロンバックを製作する	朝鮮動乱終る
29	1954		阪急百貨店が風呂敷図案を募集。以後昭和49年迄毎年1月1日の新聞に募集広告を出す 東レ・ナイロン友禅風呂敷(酸性染料)を販売		
30	1955	ポリエステルフィルム使用の両面落登場 国産分散染料発売	この頃、八端風呂敷最盛期、年間30万枚産出する 人絹縮緬抜染風呂敷の販売(都#300・#600)清水新治郎「両面風呂敷」(実新公告S30-8094)手抜染¥100・板場抜染¥150発売	紙袋多品種・大量化 布製袋盛行(S30年代)	神武景気(家電) 8／15繊維製品の品質表示法公布
31	1956	アクリル系繊維出現 この頃英国ICI社クロロシオン染料(反応性塗料)輸入される	ナイロン・アセテート風呂敷開発される 綿ブロード染風呂敷90cm幅発売	伊勢丹百貨店ティーンエイジャーコーナー於てタータンチェック紙袋ショッピングバック配布	我国人口9000万人
32	1957	東洋レーヨン(株)と帝国人造絹糸(株)が英国ICI社からポリエステル製造技術の導入を認可される	新日本窒素のミナロンで板場抜染風呂敷の販売¥150		
33	1958	東洋レーヨン三島工場開設(我国初のポリエステル繊維製造工場) 鐘紡ポリエチレンの生産開始	ナイロン無地・板場抜写友禅風呂敷の販売¥300　ミナロン綸子無地風呂敷の販売¥200　三菱アセテート・カロラン無地風呂敷の販売¥180　カロラン抜染風呂敷の販売¥200　カロランデシン板場捺染風呂敷の販売¥200　綿ブロード三幅発売	高速度輪転製袋機による紙袋の増産期 インスタント食品ブームの先駆、日清食品がチキンラーメンを発表	主婦の友ダイエーが神戸三宮に開店

		染織技術	風呂敷	周辺事項	備考
34	1959		カロランクレープ友禅￥300と抜染風呂敷￥250の大量販売		皇太子明仁殿下・美智子様ご結婚 西友ストアー開店 メートル法成立
35	1960	合成皮革出現 転写紙メーカー特許出願増加する	ナイロン(東レ676)浸染無地風呂敷(分散染料)2幅の販売￥300 綿ブロード板抜染風呂敷は、1975年頃迄量産	袋物、大型化する	ジーパンの流行 カラーテレビ本放送開始
36	1961		ナイロン刷染ぼかし及び板〆風呂敷(酸性染料)の販売￥380	米麦用紙袋の使用が認可される	ケネディ教書発表
37	1962		東レシルック(ポリエステル100%)友禅風呂敷の発売￥500 ナイロン浸染ぼかし風呂敷の販売￥150～￥200		スーパーマーケット急増 不当景品類及び不当表示防止法公布 家庭用品品質表示法施行令 繊維製品品質表示規則公布
38	1963	堀口電気製作所、電気ピアノ紋彫機の開発	木綿金巾3幅うこん染衣裳包の販売(宮井(株))	この頃 伊勢丹百貨店が紙袋サービスロンネット(ナイロン電気裁断袋)販売(宮井(株))「サムソナイト・ランゲージ」がABS樹脂成型品に変り渡航カバンの一大変革をもたらす(エース(株))ナイロン実用新案ポケッタブル手提袋の販売(ヤマト屋)	
39	1964		オリンピック記念風呂敷(宮井(株))27万枚を販売し以後催事記念風呂敷の販売が活発となる	テトラパック(紙)入りの牛乳が登場	第18回東京オリンピック大会開催 海外旅行自由化(年1回＄500以内) 東海道新幹線開通(大量高速輸送)
40	1965			この頃、ポリエステル袋出はじめる	名神高速道路全線開通
41	1966				3C(TV,クーラー,車)時代
42	1967		国華風呂敷の発売(宮井(株))	ナイロンツイル買物袋が流行	我国人口1億人 テレビ受信契約数約2000万台突破(普及率83.1%)
43	1968	京都市染織試験所レピア織機(アイバー)導入	風呂敷の品質表示11月1日から施行		消費者保護基本法施行 騒音規制法公布・大気汚染防止法公布
44	1969	吉忠(株)輸入転写紙でニットプリント市販	この頃ポリエステル転写捺染風呂敷の発売	紙袋ショッピングバック販売 デパートの紙袋流行現象起る	東名高速道路全通(346.7km)
45	1970	この頃からコンピューターによる図形処理始まる 絹のグラフト加工始まる 織機工場、騒音規制法の対象となる 日本サーモプリンティクス社国産転写紙の販売開始	日本風呂敷連合会結成 万博記念風呂敷の販売 綿ブロード蠟纈硫化浸染盛行し、1985年頃迄継続 八端風呂敷の生産減少する	布製ショッピングバック全盛 ファスナー開式実用新案、手提袋の発売(ヤマト屋) 手提紙袋毎分2000枚の高速生産(渡辺製作所)でデパート・スーパー大量需要に対応	国民生活センター法施行 日本万国博覧会開幕 マイカー千世帯に1台 公害問題多発
46	1971				美濃部都知事、ごみ処理危機を議会に訴える 日本衣料管理協会発足
47	1972		11月「風呂敷でゴミ公害をなくそう」運動として消費者団体と東京ふろしき振興会が日比谷公園から数寄屋橋パレードを行う		ダイエーが三越を抜き小売業売上日本一となる 沖縄返還、沖縄県誕生 SLブーム 札幌オリンピック
48	1973	村田機械、自動紋紙作成システム「MPパスコン」公開	「風呂敷でゴミ公害をなくそう」運動のため、消費者団体と京阪風呂敷業界関係者が御堂筋でパレード(ゴミ公害追放運動)	大丸百貨店クラフト紙袋に切替える 百貨店簡易包装を採用(省資源節約経済思想)	第1次オイルショック 有害物質を含有する家庭用品の規制に関する法律公布商品の原産国に関する不当な表示法公布、消費生活用製品安全法
49	1974	外国産生糸の一元化輸入制度実施 伝産法制定		デパートで簡易包装斜向強まる(ゴミ公害)	繊維製品の取扱い表示記号の表示法改正
50	1975	伝統工芸士認定制度が出来る	この頃シャンタン木綿友禅風呂敷(反応性染料)の発売 染色堅牢問題提起 沖縄海洋博記念風呂敷の発売	紙袋多様化・ファッション化 カップ食品ブーム レジ袋スパーで使用始まる	沖縄国際海洋博覧会 ベトナム戦争終結
51	1976	京友禅・京小紋が伝統的工芸品に指定される		大型ゴミ回収袋を地方自治体採用する(紙＋ポリエチレン＋アルミホイル合体袋)	ヤマト運輸「宅急便」取扱い開始

		染織技術	風呂敷	周辺事項	備考
52	1977				コンビニエンスストアー第1号店開店
54	1979				イラン革命勃発、第2次石油危機(省エネ)
55	1980			ポリ袋市場席巻、乱売により紙袋の需要激減する	環境問題社会的関心として高まる 自動車生産台数世界第1位になる
56	1981				宅急便扱い年間1億個、郵便小包を超す
60	1985		ふろしきの包み方提案及び指導盛んとなる 八端風呂敷の製織停止する		男女雇用機会均等法公布(61.4.1施行) 我国人口1億2千万人超える(明治初期から3.5倍となる) 消費税実施
62	1987				国鉄からJRへ民間化 地球人口50億人を超える
63	1988		横浜シルク博物館で日本風呂敷連合会協力の「ふろしき今昔展」開催4/23～5/30 ウォッシャブルシルクの縮緬無地・友禅風呂敷の販売(宮井(株))		エコロジーブーム 青函トンネル開通 瀬戸大橋開通
64 平成元年	1989			水切袋(エコマーク第1号認定)出現	
3	1991		ふろしきがエコマーク認定	布製ショッピングバッグがエコマーク認定	エコ対策が定着、リサイクルグッズ普及
4	1992		ふろしき研究会が京都に創立する 代表森田知都子		
6	1994			11月8・9日を「いいパックの日」としてキャンペーン訴求する	PL法(製造物責任法)7月1日公布 関東通商産業局が包装適正化推進事業概要を発表
7	1995		東京ふろしき振興会・消費生活センター等で講演・包み方実演を21ヶ所で訴求		
8	1996		1995年に続き18ヶ所で訴求		
9	1997		地球温暖化防止国際会議開催 12/10海外参加者レセプションが京都コンサートホールで開かれ、京都ふろしき会が風呂敷の運搬方法を展示 毎日新聞創刊125周年記念「包むこころ・ふろしき展」開催 6/12～6/17 大丸ミュージアム東京 9/5～9/17 京阪百貨店		
10	1998		デジタルプリントの風呂敷が販売される(宮井(株))。プリントは北陸セイレン(株)		
12	2000		2月23日(ツツミ)を「風呂敷記念日」として日本記念日協会に登録される。京都ふろしき会が制定して日本風呂敷連合会が申請		
13	2001		東京風呂敷振興会で「英訳付ふろしきの栞」を5万枚発売		
14	2002	帝人がPETボトルのリサイクルに取組む「エコペットプラス®」生産	国立民族学博物館(大阪吹田市)で「世界大風呂敷」展開催。10/3～2003 1/14		
15	2003		『レジ袋いりません』ハンドブックがふろしき研究会より発行。高月紘監修 林原美術館(岡山市)で「世界大風呂敷」展開催。3/2～4/6 松本市立博物館(松本市)で「世界大風呂敷」展開催。7/19～9/15 草田繊維博物館(韓国ソウル市)で「世界大風呂敷」展開催。10/18～11/20 大分県立歴史博物館(大分市)で「世界大風呂敷」展開催。12/19～2004 3/14		
16	2004		新潟県立歴史博物館(長岡市)で「世界大風呂敷」展開催。7/3～8/29		
17	2005		横浜シルク博物館(横浜市)で「世界大風呂敷」展開催。4/23～6/12	風呂敷エコマーク表示中止。蛍光増白剤、苛性ソーダの使用不適合による	
18	2006		名古屋市博物館(名古屋市)で「世界大風呂敷」展開催。4/8～5/17 小池小百合環境大臣が「もったいないふろしき」でエコロジー提唱(日本橋三越本店)、ふろしき展は1/5より		

〈参考文献〉

『袱紗・風呂敷』／角山幸洋／宮井株式会社刊／1971.8.21.発刊

『衣生活研究』Vol3 No6 10月号／風呂敷とその歴史／角山幸洋／関西衣生活研究会／1976.10.1.発行

『衣生活研究』Vol3 No6 10月号／現代の風呂敷（上）／竹村昭彦／関西衣生活研究会／1976.10.1.発行

『衣生活研究』Vol3 No7／11月号 現代の風呂敷（下）／竹村昭彦／関西衣生活研究会／1976.11.1.発行

『ふろしき文化のポスト・モダン』／日本・韓国の文物から未来を読む／李御寧／中央公論社／1989.9.25.発行

ものと人間の文化史20『包み』／額田巌／法政大学出版局／1977.4.1.発行

『世界の葬式』／松涛弘道／㈱新潮社／1991.10.10.発行

『袱紗』／竹村昭彦／岩崎美術社／1991.9.15.発行

『季刊装飾デザイン4』（特別企画グァテマラの染織と工芸）／学研／1983.1.18.発行

『季刊装飾デザイン23』（特別企画インドネシアの花更紗〈歴史を物語るジャワ更紗〉）／学研／1987.10.10.発行

キャリコ染織博物館コレクションⅡ『印度ロイヤル錦』／監修山邊知行／染織と生活社／1988.11.18.発行

『世界の博物館インド国立博物館』町田甲一編／染織と多彩な宗教美の世界／講談社／1979.8.21.発行

『インドネシア染織大系』 下巻／吉本忍／紫紅社／1978.1.30.発行

「シルクロードの都 長安の秘宝」展図録／編集・発行 セゾン美術館・日本経済新聞社

『民芸』5月号〈韓国の褓子器 許東華著〉／日本民芸協会／1986.5.15.発行

『古渡り更紗と和更紗展図録』／根津美術館編集／1993.3.27.発行

双書フォークロアの視点7／『背負う・担ぐ・かべる』／木下忠編／岩崎美術社／1989.2.15.発行

『日本人の尺度』／望月長與／六芸書房／1971.6.26.発行

『洗う風俗史』／落合茂／未来社／1984.10.31.発行

『オイレンブルク日本遠征記』第4章 江戸・街道の往来／原著1864年／中井晶夫訳／『新異国叢書』雄松堂書店

『月刊染織α 7』NO4（風呂敷を撮る）／竹村昭彦／染織と生活社／1981.NO4／1981.7.1.発行

『京都近代染織技術発達史』／京都市染織試験所刊／1990.3.30.発行

『必携 捺染技術のすべて』／武部猛／繊維社／1972.8.3.発行

『ネクスタ80周年記念誌』／編集ネクスタ80周年記念誌編集委員会／ネクスタ株式会社／1992.3.31.発行

『ショッピングバック・デザイン・イン・ジャパン』／企画編集／斎藤日出男／美術出版社／1988.9.20.

『株式会社阪急百貨店年史』／㈱阪急百貨店史編集委員会／1976.9.発行

『高島屋135年史』／高島屋135年史編集委員会／㈱高島屋／1968.9.発行

『ヤマト屋の「ふくろもの」の変遷』／正田喜代松／㈱ヤマト屋／1993.8.10.（手記）

『増補 京染の秘訣』／高橋新六／民芸織物図鑑刊行会はくおう社／1973.9.5.復刻版発行／（1925.10.24.初版発行）

『東京織物問屋同業組合史覚書』編者／向田悌介／東京織物卸商業組合／1963.6.27.発行

『あゆみの跡』／野崎二郎（手記）／1933.7.発行

『東洋化学染工株式会社概要』／1936.3.27.発行

『'76消費者運動年鑑』／編集発行／日本消費経済新聞社出版局／1976.1.31.発行

『繊維製品消費科学ハンドバック』／（社）日本繊維製品消費科学会／1975.10.1.発行

「日本上代被服構成技法の観察」『共立女子大学紀要』第一輯／山本らく／共立女子大学／1955.11.発行

Aymara Weaving: Ceremonial Textiles of Colonial and 19th Century Bolivia. by Laurie Adelson and Arthur Tracht, Smithsonian Institution Traveling Exhibition Service, 1983.

Guatemalan Costumes. The Heard Museum Collection, text by Mary G. Dieterich, Jon T. Erickson and Erin Younger, The Heard Museum, 1979.

Recueil de Cent Estampes: representant differentes, Nations du Levant. Edité à Istanbul par Sevket Rado, 1979.

The Turkish Embroidery. by Yapi Kredi, Yayinlari Ltd. Şti.

The Wonder Cloth. 1988 Huh Dong-hwa Collection 4, by Huh Dong-hwa, Publishing Deptartment of the Museum of Korean Embroidery.

Traditional Indonesian Textiles. by John Gillow, Thames and Hudson, 1992.

Woman of Istanbul in Ottoman Times. by Pars Tuğlaci, CEM yayɪnevi, Cağaloğlu, 1985.

おわりに

　昭和35年、袱紗・風呂敷の卸問屋である宮井株式会社に入社した時、故宮井傳之助社長に厖大な種類の風呂敷を見せられ、たかが風呂敷と思っていた物に、すさまじいまでの企業エネルギーが投入されていることに圧倒され、以来風呂敷との付き合いが始まった。昭和40年代から50年代にかけて、世間で用いられる運搬具は風呂敷から袋物類に移行し、街角での風呂敷使用が見られなくなる状況があった。風呂敷の生産・企画にたずさわって来た一人としてそれらの記録を資料としてまとめておく必要を感じた。

　袱紗・風呂敷の文献資料は意外に少なく、まとまったものとしては宮井株式会社が創業70周年を記念して出版した『袱紗・風呂敷』角山幸洋著が存在する程度である。この生活布は長い間庶民の暮らしの中にとけこんで使用されて来たため、学問の研究対象とするにはあまりにも平凡で興味を引かないこともあったのか、先学のこれに関する論説は少ない。

　昭和50年代から60年代にかけて日本文化を見直す気運が湧出し、掛袱紗を用いる贈答作法・風呂敷の包結方法や歴史的経過に対する質問が袱紗・風呂敷の製造メーカーや卸問屋に寄せられるようになった。袱紗に関しては海外美術館が所有する袱紗の染織調査をする機会にも恵まれ、1991年勤務先の創業90周年に際し、袱紗の文様解説と史的考察を述べた『袱紗』を記念出版することができた。風呂敷に関しては今般、㈱日貿出版社からのご厚意にあずかって本書を発刊することに成り、資料や技量不足は承知しながらも一応風呂敷の記録としてまとめることが出来た。風呂敷のスナップ写真を撮影する契機となったのは、木村伊兵衛氏の街角シリーズの中に風呂敷と共に暮らした人々の姿があり、これに啓発されて、写真はシャッターを切った瞬間から過去の記録となることに気付いた。約10年間に亘り撮りつづけた5000枚の風呂敷写真の中から186枚を選び掲載出来たことは喜びである。

　この間、宮井株式会社代表取締役宮井欣二社長にはご所蔵品の現物資料の調査研究や掲載許可に関し多大のご理解とご支援を賜った。山邊知行先生には『袱紗』に引きつづき今回も身にあまる序文を賜り、心から感謝の意を表し、御礼申し上げるしだいである。

　さらに資料蒐集に関しては佐々木紀子、野口文子、西岡里子、ナスリーン・アスカリ博士、安藤梅利、金久保染工場、浅見織物、牧野商店、森治㈱、長田染物店、渕田染工場、㈱ヤマトヤ　正田喜代松、野崎化染㈱　野崎尚志、上坂匡、清田のり子、田村育三（敬称略順不同）各位のご協力をいただいた。また写真製作に関しては美吉屋写真店　橋間廣氏、美津濃写真技術店　岡本信一氏に約20年間に亘りご苦労を願い、ご協力いただき、写真選定に関してはディ・キャップ　菊地正信氏にご意見を賜った。ここに感謝の意を表し御礼申し上げる。

　街角にあって風呂敷風俗を撮り続けることは、まことに根気のいることで、多くの写友が常に同行し励ましてくれた。石黒弘一、村松英作、中村陽一、長田光男、大橋昭博、芦田征彦、奥島武、西尾寛文、中島慶子、横田婦美子（敬称略順不同）そして家族達に深謝する次第。乱雑な原稿は土田ゆきみ氏に清書をお願いし、出版に関する業務は㈱日貿出版社の鈴木尚氏がご担当いただき、厳密な校正と慎重な作業によって本書を発刊することが出来た。写真製版、編集業務などおひき受けいただいた各位に厚く御礼申し上げる。

　　平成6年7月9日　　　　　　　　　　　　　　　　　　　　竹　村　昭　彦

竹村 昭彦
（たけむら あきひこ）

昭和11年生まれ。昭和35年袱紗／風呂敷の老舗、宮井株式会社に入社。以来45年間に亘り商品生産及び企画に従事。取締役企画開発室長を経て、現在宮井株式会社、株式会社 伝顧問。

【講演】
装道きもの学院大阪校高等師範科講師（1977年〜）
市田ひろみ服飾アカデミー師範課講師（1981年〜）
（社）全日本ギフト用品協会講師（1998年〜2002年・2007年〜）
京都精華大学「京都の伝統美術工芸講座」講師（1991年〜）

【著書】
1991年 『袱紗』岩崎美術社
1991年 『FUKUSA JAPANESE GIFT COVERS』（英訳版）
1994年 『風呂敷』日貿出版社
2006年 『和のデザインと心・袱紗・風呂敷』監修　東京美術

【寄稿】
1976年 『衣生活研究』3-6　10月号「現代の風呂敷」（関西衣生活研究会 刊）
1979年 『衣生活研究』6-1　4月号「現代のふくさ」（関西衣生活研究会 刊）
1980年 『染織α』4　7月号「風呂敷を撮る」（染織と生活社 刊）
1991年 『贈答の美・袱紗』展図録（於 下関市美術館・京都文化博物館・東京都庭園美術館）
　　　　「贈答と袱紗」「項目解説」
1992年 『袱紗と和菓子』展（第38回虎屋文庫資料展）冊子「袱紗考」〈（株）虎屋 刊〉
2002年 『世界大風呂敷展－布で包むものと心－』図録編集　国立民族学博物館（財）千里文化財団発行所収
　　　　「近代日本の風呂敷」「出雲地方の筒描藍染祝風呂敷」「風呂敷の寸法」「加賀のお国染風呂敷」ほか。
2005年 『グラフィカ　01号』「包みの文化－風呂敷小史」（ガリレアQ刊）　など多数

新装版 風呂敷
FUROSHIKI － Japanese Wrapping Cloths

定価はカバーに表示してあります

平成六年十一月二十日　初版第一刷発行
平成八年四月十日　　　初版第二刷発行
平成二十年二月十日　　新装版第一刷発行

著者　竹村昭彦
発行者　水野 渥
発行所　株式会社 日貿出版社
〒101-0064
東京都千代田区猿楽町一-一-二
電話　〇三（三二九五）八四一一
FAX 〇三（三二九五）八四一六
振替　〇〇一八〇－三－一八四九五

印刷・製本／株式会社ワコープラネット

（落丁本・乱丁本はお取替えいたします）

© 1994 AKIHIKO TAKEMURA
PRINTED IN JAPAN／ISBN978-4-8170-8137-7
http://www.nichibou.co.jp

本書の内容の一部あるいは全部を無断で複写複製（コピー）することは、法律で認められた場合を除き、著作者および出版社の権利を侵害となりますので、その場合は予め小社あて承諾を求めて下さい。